U0172035

imaginist

想象另一种可能

理
想
国
imaginist

天 下 味

唐鲁孙

云南人民出版社

唐鲁孙（1908—1985）

唐鲁孙小传

　　唐鲁孙，一九〇八年九月十日生于北平，满族镶红旗后裔，原姓他塔拉氏，本名葆森，字鲁孙。其曾祖长善，字乐初，官至广东将军。曾叔祖父长叙，官至刑部侍郎，二女并选入宫侍光绪，为珍妃、瑾妃。祖父志钧，字仲鲁，曾任兵部侍郎，同情康梁变法，慈禧闻之不悦，调为伊犁将军，远赴新疆，后敕回，辛亥时遇刺。外祖父李鹤年，道光二十五年翰林，官至河南巡抚、河道总督、闽浙总督。

　　唐鲁孙七八岁时进宫向瑾太妃叩春节，被封为一品官职。因父亲早逝，十六七岁便顶门立户，交际应酬。于北京崇德中学、北京财政商业专门学校毕业后，任职于财税机构，后以弱冠之年只身外出谋职，先后客居武汉、上海、泰州、扬州等地。一九四六年随张柳丞先生赴台，任烟酒公卖局秘书，后历任松山、嘉义、屏东等烟叶厂厂长。一九八五年在台病逝，享年七十七岁。

唐鲁孙年轻时游宦全国，见多识广，对民俗掌故知之甚详，对北平传统文化、风俗习惯及宫廷秘闻尤所了然，作为民俗学家，其写作"和《清明上河图》有相同的价值"；加之出身贵胄，常出入宫廷，习于品味家厨奇珍，遍尝各省独特美味，对饮食有独到的见解，闲暇时对各类美食揣摩钻研，改良创新，又有美食家之名，被誉为"中华谈吃第一人"；一九七三年退休后，以民俗、美食为基调进行创作，凡百万字，内容丰富，自成一格，允为一代散文大家，"可以当作《洛阳伽蓝记》看，比照《东京梦华录》来读"。

1947年冬，唐鲁孙从东北返回北京省亲，与家人共度春节，于西单北大街一家照相馆拍下一张珍贵的全家福。照片中人：前排左起为唐鲁孙次女唐光照、母亲张秉俊、长女唐光焄；后排左起为长子唐光焘、妻子张宝田、唐鲁孙本人、次子唐光熹。

唐鲁孙赋闲在北京家里时拍下的全家福。照片中人：
前排左起为唐鲁孙的妻子张宝田、祖母、母亲张秉
俊； 后排左起为唐鲁孙、次女唐光照、次子唐光熹、
弟弟唐葆樑、长女唐光焄、长子唐光焘。

泰州大林桥唐家老宅现状。当年,唐、张、王三家在泰州大林桥鼎足而居,时相往还。其中张、王两家都是祖籍江苏,只有唐家是来自北京的满人。志钧公因在江南为官,后投资与当地士绅合组"裕善源"银号,并创办"谦益永"盐号,故于泰县置产建宅,居留江北。该照片由陈普鑫先生提供。

1943年夏末秋初，因粮食短缺，一家老少乘火车来到上海，投奔在当地工作的唐鲁孙，数日后，其母带佣人返回北京。唐鲁孙夫妇与四个儿女租住在上海南市一个约十五平方米的房间（照片中最右一栋房子的二楼），临街的一面有一排木框的玻璃窗。2005年，唐光熹重回故地，拍下了这一幕，弄堂口门楣上"诒瑞坊"三个大字已模糊不清了。

抗日战争进入尾声时，唐鲁孙的妻儿决定返回北平，但昔日家园粉子胡同甲四号的正房与院子已被祖母分租出去弥补家用，在租客搬走前无法收回。一行人只得暂住在隔壁三房老祖家的杂物房。1997年，唐光熹回到北京。时隔半个世纪，西城粉子胡同容颜未改，甲四号故宅门庭依旧，只是难免近乡情怯，感慨万千。左三即为当年的老房客王太太。

抗战胜利，唐鲁孙又已找到新工作，从上海回到北平，与家人度过了一段短暂的平静生活。图为一家人在廊檐下沐浴着暖暖冬阳。

在时任台湾"烟酒公卖局"局长的好友蔡玄圃邀请下，张柳丞先行来到台北，担任主任秘书，随后发信邀请唐鲁孙来台分担公事。1946年，唐鲁孙辞去北票煤矿的工作，赴台任职，按月寄钱回家，北平亲人生活也略微宽裕起来。1948年，妻儿赴台团聚，一家人便居住在照片上这栋日式木造房子里。

唐鲁孙（右）去台北开会时，妻子张宝田（左）总是陪同
前来，其长兄张书田（中）总是细心安排车辆食宿等。

1959年，唐鲁孙次子唐光熹在台北市举行婚礼，唐家在台亲友齐聚一堂。前排左一为唐鲁孙。

1974年11月23日起，《吃在北平》在《联合报》副刊连载三天。多年后，夏元瑜谈及初读唐文时的感受："……有人说他的这些资料从哪儿来的，想必也有所本？我可以诚恳奉告：他的资料全是他亲自的经历，由于记性好，所见所闻全都忘不了。它不是找资料来写的，而他写的才是厚实的资料。"

唐鲁孙晚年出了十二本书，依图中顺序从左至右分别为《唐鲁孙谈吃》《中国城》《南北看》《老古董》《酸甜苦辣咸》《大杂烩》《什锦拼盘》《天下味》《老乡亲》《故园情》《说东道西》《中国吃的故事》。1988年，台湾大地出版社独家出版了"唐鲁孙全集"。

1984年3月，唐鲁孙长子唐光焘从美国返乡探望二老。其时，唐鲁孙（前排左一）已罹患尿毒症，每周需透析两到三次。

出版说明

　　1973 年至 1985 年间，在台湾《中国时报》《联合报》等报刊杂志的邀请之下，唐鲁孙笔耕逾百万字，按发表顺序先后结集为十二册，由台湾大地出版社公开出版发行。理想国于 2004 年推出简体版"唐鲁孙作品集"，并于 2013 年、2017 年两次再版。本次新版为第四版，主要调整如下：

　　一、增补旧版遗漏文章，按照主题梳理全部篇目，辑为《天下味》与《南北看》两部。《天下味》以谈吃为主，分为"吃在北平""吃在南北""吃在台湾""海外余香""私家食谱""烟酒茶糖"六辑，共四册；《南北看》以风俗掌故为主，兼忆故人旧地，分为"少年好弄""市井风俗""岁时风物""掌故逸闻""曲艺影视""怀往忆旧"六辑，共五册。

二、收录唐光熹（唐鲁孙次子）所作家族回忆录《粉子胡同老志家》部分章节、唐鲁孙亲撰《祖先生平事略》与《家族世系表》、早年珍贵影像、数篇其他副刊作者呼应文章，以呈现唐鲁孙的身世、经历与创作环境。

编辑过程中，为最大限度保留文章原貌，除录入错误外，俗语、方言、译名、异体字等均依作者习惯保留，不做规范化处理；相邻篇目或有部分内容重复，因讲述方式有所差异，故并未删节；文中引文多为凭记忆复述，具体字句与原文或有出入，不影响原意者亦未更正，必要时以脚注形式进行说明。

此外，本书脚注均为编者所加，由于水平所限，疏漏之处在所难免，敬请读者朋友批评指正。

自序 | 何以遣有生之涯

　　我是一九七三年二月退休的，时光弹指，老骥伏枥，一眨眼已经退了十年多啦。

　　在没有退休之前，有几位退休的朋友跟我聊天，他们告诉我，刚一退休时，每天早晨看见交通车一到，同事们一个个衣冠楚楚夹着公文包挤交通车，而自己乍还初服，海阔天空，真有说不出的自由自在劲儿，甭提心里有多舒坦啦。可是再过年把，人家没退休的同人，加薪的加薪，晋级的晋级，薪俸袋里的大钞，越来越厚，可是再摸摸自己的口袋，越来越瘪，退休福利存款更是日渐萎缩，当年豪气一扫而光，反而天天要研究要

1

怎样收紧裤腰带才能应付这开门七件大事矣。

　　生老病死是人人难免的，到了七老八十，红份子虽然未见减少，可是白份子则日渐增多，自然每月跑殡仪馆的次数，就更勤快啦。在殡仪馆吊客中，当然有若干是退休的老朋友，有的数十年未见，虽然庞眉皓发，可是冲衿宏度不减当年；也有些半年不见，形材腲腇，暗钝愚騃，仿佛变了一个人一样。我看了这样情形之后，深自警悟，一种人是有生之涯有所寄托，一种人是浑浑噩噩，忧闷不快，精神未获纾泄。

　　我在退休前两年想过，整天忙东忙西的人，骤然闲下来必定感觉手足无措，如何自我排遣，倒要好好考虑一番呢！写字画画是修心养性的好消遣，可惜担任公职期间，因工作关系，右拇指主筋受伤，握管着力即痛楚不堪。想养点花草培植几座盆栽，蜗居坐南朝北，楼栏除了盛暑偶露晴光外，一年之内难得有几小时得到日照，这个计划又难实现。思来想去早年也曾舞文弄墨，只有走爬格子一途，可以不受时空限制。抗战期间，又曾脱离过公职，闷来也是写点文稿打发岁月，不过一恢复公职我就立刻停止写作，一方面公务人员，不可以随便月旦人物时事，同时整天忙碌，抽不出空余时间，也就鼓不起闲情逸致来写作了。

自重操笔墨生涯，自己规定一个原则，就是只谈饮食游乐，不及其他。良以宦海浮沉了半个世纪，如果臧否时事人物，惹些不必要的啰唆，岂不自找麻烦。

寡人有疾，自命好啖，别人也称我"馋人"。所以把以往吃过的旨酒名馔，写点出来，也就足够自娱娱人的了。

先是在南北各大报章写稿，承蒙各大主编不弃，很少打回票，稿费所入，足敷买薪之资。知友盖仙夏元瑜道长，有一天灵机一动，忽然在《中国时报》"人间"副刊，开辟了一个"九老专栏"，特请古物专家庄严、画家白中铮、民俗收藏家孙家骧、京剧名家丁秉鐩、历史专家苏同炳、民俗文艺专家郭立诚、动物学家盖仙夏元瑜，还有笔者幸附骥尾，也在里头穷搅和，每周各写一篇，日积月累我居然爬了近二十万字。

当时《人间》主编高信疆，他的夫人柯元馨正主持景象出版社，撺掇我整理之后，把那些小品分类出版。一九七六年，我的处女作《中国吃》《南北看》终于出乖露丑跟读者见面啦。紧接着皇冠出版了《天下味》，时报出版公司出版了《故园情》。人家写文章都是找资料，看参考书，还要看灵感在家不在家；我写稿是兴到为主，有时一口气写上五六千字，有时东摸摸西看看十天半月不着一字。可是文章积少成多，一九八○年十一月出版《老古董》，一九八一年八月出版了《大杂烩》《酸甜苦辣咸》，一九八二年出版了《什锦拼盘》，一九八三年出版了《说东道西》，以上几部书都是委托大地出版社发行。想不到从一九七六年到一九八三年八月之间，居然东拉西扯写了百万余言，自己也想不到脑子里曾经装了那么多杂七杂八的东西。拙作百分之七十是谈吃，百分之三十是掌故，打算出到第十本就暂时搁笔。

朋友们接近退休年龄的日渐增多，如果有兴趣的话，不妨写点不伤脾胃的小品文，倒也是打发岁月的好途径呢！凡我同志，盍兴乎来。

中国菜的分布

古人说："饮食男女，人之大欲。"这句话证明了饮食在我们日常生活里，是占有极重要地位的。欧美人士，一谈到割烹之道，总认为饮食能达到艺术境界，必须有高度文化做背景，否则就不能算吃的艺术呢！世界上凡是讲究饮馔，精于割烹的国家，溯诸以往必定是拥有高度文化背景的大国，不但国富民强，而且一般社会经济繁华充裕，才有闲情逸致在饮食方面下功夫。

当此举步方艰之时，我们讲求饮馔，有一个基本原则，就是要在最经济实惠原则之下，变粗粝为珍肴，不但是色、香、味三者俱备，而且有充分均衡的营养。至于一饭千金、一席数万金的华筵盛馔，穷奢极欲地挥霍浪费，那就不足为训了。

中国幅员广袤，山川险阻，风土、人物、口味、气候，有极大不同，而省与省之间，甚至于县市之间，足供饮膳的物产材料，也有很大的差异，因而每一省份都有自己独特口味。早年说，南甜、北咸、东辣、西酸，时代嬗变，虽不尽然，总之大致是不离谱儿的。

中国菜到底分多少类呢？据早年一些美食专家分野，约可分为三大体系，就是山东、江苏、广东；按河流来说，又可分成黄河、长江、珠江三大流域。

照以上划分办法，并不是随便一说，也是渊源有自的。有清一代，最为重视治河，为了浚治黄河，特地设了一位一品大员河道总督，以专责成。治河经费不但异常庞大，遇到河水泛滥成灾，可以尽先到拨，随后核实支销。河督设在山东济宁州，在当初算是一等一的肥缺，又是闲多忙少的差事，所以在饮食宴乐方面，就食不厌精、脍不厌细地讲究起来，因此山东菜蔚成北方菜的主流了。

扬州在隋唐时代设治，隋炀帝玉辇清游，二十四桥明月夜，吴歌凤琯，早就成为词人艳称之地。乾隆皇帝驻跸江南，盐商们迷楼置酒，官家小宴，邺中鹿尾，塞上驼蹄，琼浆玉饔，水陆杂陈，淮扬菜于是誉满大江南北。

中国有句老话说"吃在广州"，因为是通商口岸，华洋杂处，舻舳云集，豪商巨贾，一个个囊中充盈，自然都要一恣口腹之嗜。所出菜式，精致细腻，力求花样翻新，嗜之者争夸异味，畏之者停箸摇头，异品珍味，调羹之妙，易牙难传，岭南风味，简直味压江南了。

这种趋势，连绵了数百年之久，七七事变，抗战军兴，国都西迁重庆，于是川、湘、云、贵菜肴，成为天之骄子。由于西南雾重隰湿，岚瘴侵人，调味多用麻辣葱姜，人的口味入乡随乡也就为之大变。迫至台湾，悠悠岁月，渐惹乡愁，每个人都想吃点自己家乡口味，聊慰寂寥，不但各大都会的金齑玉脍纷纷登盘荐餐，就是村童野老爱吃的山蔬野味，也都应有尽有，真可说集饮食之大成，汇南北为一炉。照目前台湾饮食界来看，大致可分为：

北京菜　名为北京菜，其实认真说来，北京以小吃著名，并没有成桌的酒席，因为元、明、清在北京建都，六七百年，人文荟萃，水陆珍异，五蕴七香，已经包罗万有，用不着自己再来一套北京食谱啦。有人说："烧燎白煮是地道的北京菜。"追本溯源，烧燎白煮是满洲人在东北郊天祭神的胙肉演变而来的，说它是东北菜式则可，要说是北京菜，就未免有点儿勉强啦。就浅见所知，只有挂炉烤鸭才可以算是北京菜呢！现在台湾把北京、天津、山东的济南、烟台，甚至把河南、山陕一股脑儿统称北方菜，因为这些省市都以炸、爆、熘、烩、扒、炖、锅塌、拔丝最为拿手，尤其擅长用酱，五味调和，割烹层次，都是大同小异的，所以现在统称为"北方菜"了。

四川菜　抗战八年，大家都聚处南都，男女老幼，渐嗜麻辣，一旦成瘾，非有辣味不能健饭，现在川菜风行，是时势所造成的。

湖南菜　湘菜以腴滑肥润是尚，一般菜看辛辣尤胜川菜，不过成桌筵宴，照老规矩是不见丝毫辣味的。

湖北菜　湖北各式小吃种类不少，可武汉三镇没有一家自命湖北菜的饭馆，一般古朴俨雅、气格老成的饭馆，大多挑着徽馆牌号。上海有一家饭馆名叫黄鹤楼，自称湖北馆，可是昙花一现，即告消失，现在台北仅有一家饭馆以湖北菜号召，凤毛麟角，算是一枝独秀了。

贵州菜 当年北平的长美轩、西黔阳都是贵州菜，浓郁带辣，颇跟川湘菜味相近，可是有几种菜的火候比川湘菜另有独到之处，尤其是菌类调制有十几种之多。贵阳唐园主人能做菌类全席，跟淮城的全鳝席可以互相媲美，可惜的是现在在台湾想吃真正的贵州菜，还不太容易呢！

上海菜 所谓上海菜，在台湾已经跟宁绍菜混淆不清，其实真正的上海菜应当以浦东、南翔、真如一带菜式为主体，口味浓郁，大盆大碗，讲究实惠，不重外貌，乡土气息浓重才算是地道上海菜。

扬州菜 镇江跟扬州虽然一在江南，一据江北，可是口味是不相左右的，所以镇江菜看，一般说来就包括在扬州菜里了。扬州菜的特征是不管如何烹调，都讲究原汤原味，所以不同菜式，就滋味各异了。扬州点心花色繁多，加上厨师们肯下功夫去改良，扬州点心的闻名遐迩，也不是幸得的，不过油重厚腻，喜欢清淡的人，就不太欢迎了。

苏州菜 苏州菜精致细巧，是跟它文化水准有关系，况且自古有不少朝代在苏州建都，古迹名胜又多，饮食方面自然就精益求精了。至于有人把南京菜跟苏州菜混在一起，统称"京苏菜"，若要认真品评，两地口味是迥不相侔不能比并的。而且南京跟北京一样，虽有不少菜式，可是要拿出成桌的南京菜，还不太容易呢！

无锡菜 无锡靠近太湖，既多虾蟹，又产菱藕，无锡船菜是闻名全国的，不过味尚甘甜。本地人习惯菜里多糖，外地人偶尝则可，吃久未免生厌，不过无锡菜刀功火候，都可列为菜里上上之选。

杭州菜 杭州古代既建过国都，西湖风景又驰名中外，所以杭州菜博硕肥腯，浓淡俱全。腴润的有味醇质烂的东坡肉，清淡的有蒸香味永的西湖醋鱼，推潭仆远，堪称上味。

宁波菜 因为地近舟山群岛海产特丰，就地取材，所以宁波菜以海鲜为主。渔罟所获，以盐防腐保鲜，宁波菜比较味咸，就是这个道理。

安徽菜 典当在没有钱庄票号之前，是民间互通有无的大生意，歙县的朝奉是独占的行业。徽省菜馆的声华，早就蜚名全国。不过自钱庄银号代兴，典当业一落千丈，提到徽馆，已少人知，至于脍炙人口的鸭馄饨，就是徽馆流传下来的。

江西菜　全国各大县市，所有餐馆酒肆，很难指出哪家是江西饭馆，可是赣州菜，割烹佳味，甘旨柔滑，也有其独特之处。至于何以不能推拓及远，就非所敢知了，请教若干精于饮馔的朋友，也谈不出所以然来。

广东菜　分广州、潮州、东江三派。广州菜因为广州开埠较早，各国人士杂沓纷来，有若干菜式是取法欧西式烹饪方法，加上蛇、狸、鼠、虫都能入馔，在中国菜里是独标一格的。潮州菜也重海鲜，煨炖皆精，每菜上桌，都有各式各样的小碟小盅的调味料任客自调，甘冽香鲜，是别处所无，为人艳称的。东江菜也就是客家菜，用油较重，口味亦浓，大块文章，充肠适口，烹调方法比较保守，所以最具乡土风味。

福州菜　福建也是精于饮食的省份，福州临江近海，水产特佳，虽然邻近广东，可是两者口味迥不相同，汤鲜口永，清淡宜人，尤擅用红糟。

　　"味全"丛书，将出《餐点新编》，编者嘱介源流，谨就个人所知，举其荦荦大者，窳误在所难免，尚希邦人君子，进而教之。

吃在北平

吃在北平

北平自从元朝建都一直到民国，差不多有六百多年历史，人文荟萃，在饮食服御方面自然是精益求精，甚且踵事增华，到了近乎奢侈的地步。民国初年，六九城无论哪一类铺户，只要向京师警察厅领张开业执照，就可以挑上幌子，正式开张大吉。当时够得上叫饭馆子的，最盛时约莫有九百多户，接近一千家，真可以说是洋洋大观，集饮食之大成。

饭庄子

说到北平的饭馆子，大都可分为三类，

第一类是饭庄子。所谓饭庄子，全有宽大的院落，上有油漆整洁的铅铁大罩棚，另外还得有几所跨院，最讲究的还有楼台亭阁、曲径通幽的小花园，能让客人诗酒流连，乐而忘返；正厅必定还有一座富丽堂皇的戏台，那是专供主顾们唱堂会戏用的。这种庄馆，在前清，各衙门每逢封印、开印、春卮、团拜、年节修禊，以及红白喜事、做寿庆典，大半都在饭庄子里举行，一开席就是百把来桌。

北洋时期，有一年张宗昌在南口喜峰一带，跟冯玉祥的西北军来了一次直鲁大交兵，结果大获全胜，长腿将军在高兴之余，要在南口战场犒赏三军，派军需到北平找饭馆。承应这趟外会，一合计要订一千桌到一千五百桌酒席，买卖倒是一桩好买卖，可是大家只有你瞧着我，我瞧着你，彼此干瞪眼，谁也不敢接下来。后来还是忠信堂的大拿（即大管事）崔六有点胆识，跟店东一合计，乍着胆子，把这号大买卖接下来了。

桌椅方面倒不用发愁，在战场上大摆酒筵，大家都是席地而坐，至于盛菜用的杯盘碗盏，因为数量实在太多，着实让崔头儿伤了点脑筋。后来他终于把城里城外，所有跑大棚口子上的家伙，全给包了下来，这个问题才算解决。可是炒菜的锅，上哪儿去找那么大的呀？到底人家崔六有办法，他把北京城干果子铺炒糖栗子的大铁锅，连同大平铲，一股脑儿都运到南口前线，当炒菜锅用。当然炒虾仁也谈不到平底锅，炒七铲子半起锅了。可是一开席，煎炒烹炸熘汆烩炖样样俱全，苦战几个月的阿兵哥，整天啃窝头喝凉水，成年整月不动荤腥的老哥们，现在山珍海错，罗列满前，一个个狼吞虎咽，有如风卷残云，一霎时碗底朝天，酒足饭饱，欢声雷动。

南口大会餐，弟兄们这一顿猛吃，可就把忠信堂的买卖哄起来了。后来只要是军方请客，大家都离不开忠信堂。以上这段虽然是闲扯，但也可以说明当初北平饭庄子做生意有多大魄力了。

北平饭庄子，虽然以包办筵席为主，可是家家都有一两样秘而不宣的拿手菜，到了端午中秋或者是年根底下，才把认为可交的老主顾，请到柜上来吃一顿精致而拿手的菜。一方面是拉拢交情，一方面是显显灶上的手艺，炫耀一番。

以东城金鱼胡同福寿堂来说吧，端午节柜上照例请一次客，准有一道他家的拿手菜翠盖鱼翅。北平饭庄子整桌酒席上的鱼翅，素来是中看不中吃的。一道菜，一个十四寸白地蓝花细瓷大冰盘，上面整整齐齐铺上一层四寸来长的鱼翅，下面大半是鸡丝、肉丝、白菜垫底，既不烂，又不入味。凡是吃过广府大排翅、小包翅的老爷们，给这道菜上了一个尊号，称之为"怒发冲冠"。话虽然刻薄一点儿，可是事实上确然不假，并没有冤枉他们。

人家福寿堂端阳节请卮的翠盖鱼翅，可

就迥然不同了。这道菜他们是选用上品小排翅，发好，用鸡汤文火清炖，到了火候，然后用大个紫鲍、真正云腿，连同劁好的油鸡，仅要撂下的鸡皮，用新鲜荷叶一块包起来，放好作料来烧。大约要烧两小时，再换新荷叶盖在上面，上笼屉蒸二十分钟起锅，再把荷叶扔掉，另用绿荷叶盖在菜上上桌，所以叫"翠盖鱼翅"。鱼翅本身不鲜，原来就是一道借味菜，火功到家，火腿鲍鱼的香味全让鱼翅吸收，鸡油又比脂油滑细，这个菜自然清醇细润，荷香四溢而不腻人。不过人家柜上请客，一年一次，除非是老主顾，恐怕吃过的人还真不太多呢。

北城什刹海的会贤堂，因为什刹海是消夏避暑胜地，会贤堂占了地利的关系，所以夏季生意特别兴旺。究其实，这个饭庄子并没有什么拿手好菜，只是下酒的冷盘种类特别多，尤其是河鲜儿"什锦冰碗"，那是别家饭庄子比不了的。

据说会贤堂左近有十亩荷塘，遍种河鲜菱藕，塘水来源跟北府（北平人管醇亲王府叫"北府"，也就是光绪、宣统的出生地）同一总源，都是京西玉泉山"天下第一泉"的泉水，引渠注入。因此所产河鲜，细嫩透明，酥脆香甜；比起杭州西湖的莲藕，尤有过之。特别是鲜莲子颗颗粒壮衣薄，别有清香。

此外河塘还产鸡头米（又名"芡实米"，南方入药用），普通鸡头都是等老了才采来挑担子下街吆喝着卖，卖不完往药铺一送，顶多采点二苍子（不老不嫩者叫"二苍子"），应付应付老主顾。刚刚壮粒的鸡头，极嫩的煮出来呈浅黄颜色，不但不出分量，药铺也不收，所以谁也舍不得采。可是会贤堂因为是供应做河鲜冰碗用的，越嫩越好，也就不惜工本了。

冰碗里除了鲜莲、鲜藕、鲜菱角、鲜鸡头米之外，还得配上鲜核桃仁、鲜杏仁、鲜榛子，最后配上几粒蜜饯温朴①，底下用嫩荷叶一托，红是红，白是白，绿是绿。炎炎夏日，有这么一份冰碗来却暑消酒，的确令人心畅神怡。这种配合天时地利的时鲜，如果在台北大餐厅大饭店有售，价格一定高得惊人。

记得有一年夏天，熊秉三、郭啸麓发起在会贤堂举行一次消夏雅集。所有当时在京担任过财政部总长次长的，如张弧、王克敏、曹汝霖、梁士诒、周自齐、高凌霨、夏仁虎、凌文渊、王嵩儒等各路财神，一网打尽，结果给香山慈幼院捐了一笔颇为可观的经费。这次消夏雅集，就是用会贤堂时鲜冰碗招徕的财富，北平一家报纸曾把这次雅集改名叫"财神爷大聚会"，时鲜冰碗起名叫"聚宝盆"，可以说是谑而不虐的一个小玩笑。

---

① 亦作"榲桲儿"，一种形态、口感都类似山楂的单核小红果，但口感更甜，通常糖渍食用，系满语"酸甜"的音译，并非植物学上的榲桲。

地安门外的庆和堂，算是北城最有名的饭庄子了。他的主顾多半是住在北城王公府邸的，所以他家的堂倌，都经过特别训练，应对进退都各有一手。他的拿手菜叫桂花皮煂（"煂"读如"渣"），说穿了其实就是炸肉皮。不过，他们所用的猪肉皮都是精选猪脊背上三寸宽的一条，首先毛要拔得干干净净，然后用花生油炸到起泡，捞出沥干，晒透，放在瓷坛里密封；下衬石灰防潮及湿，等到第二年就可以食用了。做菜时，先把皮煂用温水洗净，再用高汤或鸡汤泡软，切细丝下锅，加作料武火一炒，鸡蛋打碎往上一浇，撒上火腿末一搂起锅，就是桂花皮煂。松软肉头，香不腻口，没吃过的人，真猜不出是什么东西炒的。

这个菜可以说是地地道道北平菜，台北地区开了那么多北方馆，您要是点一个桂花皮煂，跑堂的可能就抓瞎啦。

西城的饭庄子有聚贤堂、同和堂，妙在

两家同在西单牌楼报子街，相隔不过是几步路。聚贤堂三面有楼有戏台（据说戏台是白虎台，男女名角都不愿意在那儿唱堂会，怕出岔子），比较新式点；同和堂虽然没有戏台，可是院落多，纯粹老派儿，有几个跨院花木扶疏，曲径朱槛，知己小酌，如同在家里请客一样，毫无市井烟火气。

同和堂有一道拿手菜叫"天梯鸭掌"，舍间跟他们交往多年，笔者也仅仅吃过一回。这个菜的做法，是把填鸭的鸭掌，撕去厚皮，然后用黄酒泡起来，等到把鸭掌泡到发胀，鼓得像婴儿手指一般肥壮，拿出来把主骨附筋一律抽出来不要；用肥瘦各半的火腿，切成二分厚的片，一片火腿夹一只鸭掌；另外把春笋也切成片，抹上蜂蜜，一起用海带丝扎起来，用文火蒸透来吃。火腿的油和蜜慢慢渗过鸭掌笋片，非常濡润适口，比起湘馆的富贵火腿，本身已经厚腻饱人，再加上蜜莲垫底，要高明多了。春笋切片，好像竹梯，所以名之曰"天梯鸭掌"。自从民国二十几年歇业后，这道菜久已失传，甚至提起菜名，都没有人知道了。

聚贤堂拿手菜是炸响铃双汁。北平人虽然不讲究吃明炉乳猪，但是盒子铺天天都卖脆皮炉肉的，逢到郊天祭祖，更有用烤小猪祭祀的。烤好小猪的脆皮回锅再炸，就叫"炸响铃"。自从有了屠宰税，在北平想吃一回烤小猪，那麻烦可大了。这儿缴捐，那儿纳税，填表领证，跑东跑西，闹了个人仰马翻，还不一定准能吃到嘴，谁能为了吃，惹那么多麻烦呀！再加上年头不景气，大家都没有闲情在吃上动脑筋了，可是如果在聚贤堂摆席请客，还能吃得着炸响铃。因为西单大街有一家酱肘子铺叫"天福"的，外带肉杠，生意做出了名，每天都要烤几方炉肉卖。当然不时碰到了薄皮仔猪，聚贤堂跟天福街里街坊，做了多少年买卖，红白寿庆还过堂客（有喜庆事内眷往来叫"过堂客"），交往深厚。有炸响铃这道菜，就是从天福匀来炉肉炸的，加上甜咸匀汁双浇，慢慢就成了聚贤堂的门面菜了。如果拿来下酒，比起炸龙虾片的虚无缥缈，似乎有些咬劲，耐于咀嚼。

南城外本来也有几个像样的大饭庄子，后来由于各式各样的饭馆子愈开愈多，同时要唱堂会有正乙祠、织云公所、江西会馆，比一般饭庄子又宽敞又豁亮，后来陆陆续续撑持不住，关门歇业，最后只剩下一个取灯胡同同兴堂。要不是梨园行鼎力支持，也早就垮台了。

梨园行凡是祭祖、啐圣、拜师、收徒，还有拜把兄弟焚表结义，同兴堂对这一套准备得周到齐全，大家也不约而同，都到同兴堂来举行。

他家有一点一菜都很出名，菜是烩三丁，所谓"三丁"是火腿、海参、鸡丁。火腿不用说要选顶上中腰封；海参当然是用黑刺参，绝不会拿海茄子来充数；至于鸡丁，必须是带鸡皮的活肉，不能掺一点儿胸脯肉。因为用料选得精，再加上所有芡粉是藕粉加茯苓粉勾出来的，薄而不澥，因之吃到嘴里，没有发柴发木的感觉。

白石老人齐璜生前最欣赏他家的烩三丁，余叔岩收李少春为徒，在同兴堂谢厨，有齐老在座。特别推荐他家的烩三丁，经过大家品尝，全都赞不绝口，一连来了三碗烩三丁。彼时老人牙口已弱，独据一碗，以汁蘸馒头吃，一时传为美谈。后来文人墨客，凡是到同兴堂吃饭，都要叫个烩三丁来尝尝。

他家枣泥方谱也做得特别地道。在北平枣儿虽然不值钱，可是枣儿有好坏。郎家园有一种紧皮枣，晒干之后，个儿不大，可是肉厚香甜，他家就是用这种枣子做枣泥馅儿。绝不加糖，蒸出来的方谱是天然枣香自来甜。

方谱是用木头模子刻出来蒸的。北平昆曲花脸名票胡井伯，收戏曲学校费玉策做徒弟，在同兴堂磕头，胡爷跟同兴堂东家是把兄弟，特地把珍藏一套二十四块全本《三国志》木刻模子拿出来，做了三份儿。可惜不知道是什么人的手笔，真有几方布局、线条非常雅致，而且神情刻画得栩栩如生。后来北平名画家陈半丁特别情商，借出来送到琉璃厂淳菁阁南纸店，每块都请姚茫父题了词，拓刻印成诗笺。笔者当时也分到了几盒，可惜都没带到台湾来，否则也让现在年轻人瞧瞧，咱们中国吃喝还有一套艺术呢。

其他还有许多饭庄子，各家有各家的拿手菜，在此处不再多谈，下面再说第二种饭馆子。

饭馆子

北平的饭馆子以成桌筵席跟小酌为主；虽然也应外会，顶多不过十桌八桌，至于几十上百桌的酒席，就很少接了。

北平最有名的饭馆子第一要数东兴楼。

据说东兴楼是一位山东荣成老乡，向西太后驾前大红人总管太监李莲英领东开的。李在内廷吃过见过，所以东兴楼有几样菜，拿出来确实有独到之处。

先拿他家烩鸭条鸭腰加糟来说吧，那是所有北平山东馆谁也比不了的。不但鸭条选料精，就是鸭腰也都大小均匀，最要紧配料是香糟。

东兴楼对面紧挨着真光电影院，有一家酒店叫"东三和"，大概在明朝天启年间就有这个酒店了。传言天启帝微服出巡，曾经光顾过这家酒店，后柜有一块匾，写着"皇庄老酒"四个大字，就是天启皇爷的御笔。东兴楼熘菜、烩菜所用的白糟，都是东三和的老糟，所以有一种温醇泡泡的酒香。

此外，盐爆肚仁、炸肫去边、乌鱼蛋格素都算是东兴楼的招牌菜。他家酒席上的炸肫，一律用白地蓝花大瓷盘上菜，顶多十三四块炸肫，看起来真真是一碟心。您如果问他们为什么不多炸几块？堂倌一定回说这是牙口菜，嘴快的也不过吃两块，要是炸一满盘，一人来上七八块，腮帮子都嚼酸了，后来的菜也没法吃了，下回谁还再来照顾东兴楼呀。想不到他们还真有一套吃的理论呢。至于乌鱼蛋，实际就是乌龟仔，叫乌鱼蛋比较好听，每个大约拇指大小，要收拾得越薄越好，下水一汆就吃，既鲜且嫩。台北的山西餐厅有时候有这个菜，那不过是聊备一格而已。

北平的淮扬馆，锡拉胡同的玉华台确实不错，灶上白案子是清朝末年大吃客杨士骧家里培植出来的，一笼淮城汤包，抓起来像口袋，放在碟子里两层皮，就是淮城人尝了，也赞不绝口，认为在淮城也没吃过这么好的汤包。后来，玉华台的淮城汤包出了名，名气到了凡是小酌客人来吃，回说不卖汤包，要整桌酒席两道点心一甜一咸，才有汤包给您吃呢。走遍大江南北，玉华台的汤包可以说是头一份儿了。

北平隆福寺街有一家北方馆，介乎饭庄饭馆之间，叫福全馆，正院也有一座精巧的戏台，凡是小型堂会宾客不多，大半都爱在福全馆来举行。记得有一年盐业银行张伯驹唱"失空斩"，余叔岩饰王平，杨小楼饰马谡，王凤卿饰赵云。这出在梨园界轰动一时的戏，就是在福全馆唱的。

他家最有名的菜是水晶肘子，大家所以欣赏他家这道菜，就是肘子上的毛拔得特别干净。要是夏季，您在福全馆正院大罩棚底下，邀上三五知己，来两斤竹叶青，弄一盘冷玉凝脂、晶莹透明的水晶肘儿下酒，倒别有一番风味。

南城外江浙馆要数春华楼最雅致了。他家店东不但为人风雅四海，而且精于赏鉴，他跟湖社弟子画马名家马晋（号伯逸）交情莫逆。虽然马伯逸长年茹素礼佛，可是一得空就到春华楼串串门子、聊聊天。春华楼每间雅座都挂满了时贤书画，大半都是酒酣耳热即兴挥毫，真有几件神来之笔。就拿旧王孙溥二爷来说吧，他最爱吃春华楼大乌参嵌肉，一盘大乌参端上来，要是在座的都是比较随便的朋友，我们溥二爷就要"三分天下有其二"了。

笔者最欣赏春华楼的银丝牛肉，肉丝切得特细，而且不像广东菜馆，因为求其肉嫩，把牛肉又拍又打，外加小苏打，嫩则嫩矣，可是原味全失。人家春华楼的银丝牛肉，全凭刀功火候，嫩而有味，同时垫底的银丝，炸得也恰到好处，绝不会有炸得太焦、炸得不透，塞牙碍齿的情形。到春华楼而不点银丝牛肉者，可以说虚此行矣。

宣武门外半截胡同有个广和居，算是饭馆子资格最老的一家了。此居历经嘉、道、咸、同、光、宣，一直到民国十六年北伐前后，根据历代贤臣大儒、逸士名流私家记载，凡是雅集小宴，都离不开广和居。潘炳年的"潘鱼"，吴闰生的"吴鱼片"，江藻的"江豆腐"，都是教给广和居的厨子后研究出来的名菜。可惜民国二十年左右广和居就封灶歇业，灶上掌勺的头厨，被西单牌楼同和居揽了过去。

提起同和居，也是光绪年间的买卖。想当年各位朝臣散了早朝，差不多都到西四北的柳泉居聚会议事，或者是缸瓦市的砂锅居。由于柳泉居太吊脚，砂锅居只卖烧燎白煮，完全在猪身上找，既腻人，又单调，于是同和居就应运而生。

同和居有道甜菜叫"三不粘"，不粘筷子，不粘碟子，不粘牙齿，所以李文忠的快婿张佩纶给这道菜起名"三不粘"。同时同和居的混糖大馒头半斤一个，也很有名。中午一出屉，真有住南北城的人赶来买大馒头的。

另外，同和居后院有一排精致的小楼，每间雅座都可以远眺阜成门大街。早年，东华门、西华门三里左近，都不准建造楼房，以免俯瞰内廷。同和居后楼，恰巧刚在范围之外，逢到慈禧皇太后驾幸颐和园避暑，凤辇都要经过阜成门大街西去，小楼一角，看个正着。只要西太后西山避暑，同和居楼上雅座必定是预订一空，谈起来也算一段小掌故呢。

前门外大栅栏有一家叫厚德福的河南馆子，门口是两扇广亮黑漆大门，一点儿也不起眼的小招牌，挂在大门里头。到了晚上，门口只有一盏鬼火似的电灯，乌漆麻黑。

初到北平的人，逢到有人请在厚德福吃晚饭，时常在大栅栏走上两三个来回也没找着。因为他家的招牌太小不起眼，外搭着饭馆子门口，实在看不出是个饭馆子来。

据说从前厚德福是个鸦片烟馆，后来一禁烟，仍旧用原名改成了饭馆。开大烟馆自然不需要明灯招展，可是改成饭馆之后，老板迷信风水，认为风水不错，就一仍旧贯了。所以尽管门里灯火通明、锅勺乱响，可是门口一灯摇曳，怎么看也不像个饭馆子。

河南菜最有名的是吃鲤鱼，厚德福的糖

醋瓦块的确比别家做得出色。笔者在开封、郑州都吃过这个菜，不是略带土腥味，就是肉嫌老，实在吃不出妙在哪里。

据说黄河鲤讲究当场摔杀下锅，但是黄河水泥土味重，网上来的鱼，一定要在清水里养个三两天，把土腥味吐净，然后再杀才能好吃。同时鲤鱼是逆流而上的，所以鱼肉虽然活厚，可是筋也特别坚韧，非得好手名庖，懂得抽筋的，先把大筋抽掉，肉才鲜嫩好吃。厚德福的糖醋瓦块与众不同就在此处。如果带句话要宽汁，他一定附带一盘先煮后煎的细面条，拿卤汁拌面非常爽口开胃，比起此地西湖醋鱼拌面，可以说滋味大有不同。

厚德福还有一绝铁锅蛋，端上来的时候一边冒着轻烟，一边还吱吱叫，热香嫩三字可以说兼而有之，比别家用铜锅烤出来的，似乎不大一样。

北平的云南馆子，只有中央公园的长美轩独一份。大家不要认为游乐场所的饭馆子都是菜不好，而且乱敲竹杠的，长美轩就是例外。他家做菜所用的火腿，是真正从云南来的大云腿，一味云腿红烧羊肚菌，一味奶油菜花鸡枞菌，除了昆明之外，恐怕只有长美轩才能尝到这样真正的滇菜精华了。可惜七七事变，抗战军兴，这个馆子也跟着关门了。

民国二十年前后，北平又开了三家比较新派的山东馆，是泰丰楼、新丰楼、丰泽园，同行管它们叫"登莱三英"。泰丰楼有个菜叫"鸳鸯羹"。这个菜最小要用中海碗盛，一边是火腿鸡蓉，一边是豆泥菠菜，中间用紫铜片搽上油，弯成太极图形隔好，上桌时再将铜片抽去。因为油的关系，两不相混：一边粉红，一边翠绿，不但好看而且好吃。

另外一道汤叫茉莉竹荪，竹荪汤以前在大陆本不稀奇，可是他家竹荪汤有花香而无熟汤子味，宋明轩主冀察政务委员会时期，极爱喝他家的茉莉竹荪汤，所以在二十九军驻扎平津一带时期，茉莉竹荪汤算是当时一道时髦菜，还很出过一阵风头呢！

新丰楼的拿手菜是锅塌比目鱼，本来塌锅一类的菜是山东馆的拿手活，可是新丰楼的锅塌比目鱼显得特别好吃。后来廊房头条撷英西餐馆，有个铁扒比目鱼也很出名。他是把比目鱼架在铁架子上，用大瓷盘托到客人面前自取。其实说穿了，就是脱胎新丰楼的比目鱼，换个上菜方式而已。

丰泽园开在煤市街，在"三英"中属于后起之秀，他家的糟蒸鸭肝，不但美食而且美器。盛菜的大瓷盘，不是白地青花，就是仿乾隆五彩，盘上罩着一只擦得雪亮光银盖子。菜一上桌，一掀盖子，鸭肝都是对切矗立，排列得整整齐齐。往大里说像曲阜孔庙的碑林，往小里说像一匣鸡血寿山石的印章。这个菜的妙处第一毫无腥气；第二是蒸的火功恰到好处，不老不嫩，而且材料选得精，不会有沙肝混在里头。至于后来一般王孙公子，到丰泽园吃每人每次四十块六十块的白抹刀的大碎烩，等于替柜上出清存货，那就不足为训了。

小饭馆

最后再谈第三种专卖小吃、不办酒席的小饭馆跟二荤铺。科举时代，每逢大比之年，赴京应科考的举子，一般有钱的公子哥儿大半都是带足了盘川的。南方举子对于纯粹北方口味，有很多没出过远门的人，一时是没法子适应。于是带一点江浙口味的，像祯元馆、致美斋这类小饭馆，就应运而生了。

致美斋最拿手的菜是酱爪尖。据先师阎荫桐夫子说，苏州状元陆凤石（润庠）来京会试，忽然有一天想吃脚爪饭，于是教给致美斋灶上做。但是怎么做也不对劲，后来陆凤石点了状元，大家都知道状元爱吃他家酱爪尖儿，传嚷开后，酱爪尖反倒成了致美斋的名菜了。

北方馆子可以说都不会做鱼翅，所以也就没有什么人爱吃鱼翅。但是南方人可就不同了，讲究吃的主儿十有八九爱吃翅子。祯元馆为迎合顾客心理，请了一位擅长烧鱼翅的南方大师傅。不久，祯元馆的红烧翅根，物美价廉，大行其道，每天只做五十碗，卖完为止。他家红烧翅根，烂而入味，比起酒席上怒发冲冠的鱼翅自然不可同日而语。

东安市场有一家馆子叫润明楼，虽然楼上楼下也有几十号雅座，可是仍然只能列入小馆之流。整桌的菜他家也能做，可是总觉得有点儿婢学夫人，小家子气，气魄不够。但以鸡丝拉皮来说，东兴楼的拉皮已经算不错了，可是比起润明楼的拉皮来，就分出好坏了。先说他家所用的粉皮，是自家动手来做，不像别家到粉房去买现成的。如果您点个鸡丝拉皮，关照堂倌一声要削薄剁窄；您瞧吧，端上真正晶莹透明浑然如玉，吃到嘴里滑溜之中还带着有点筋道。大陆各省的吃食，台湾现在大概都会做齐了，可是直到如今，还没吃过一份像样的拉皮。

台湾各大县市都有馅饼粥，可是跟北平的馅饼粥完全是两码事。北平的馅饼粥是清真教门馆，只卖牛羊肉。在煤市街，路东有一家，路西有一家，但都是一个东家，叫作"一东两做"。生意采用二十四小时轮班制，东柜上门板休息，西柜下门板营业，更番轮替，什么时候都让您吃得着馅饼粥。

既然叫馅饼粥，自然以馅饼最拿手。他家有一种牛肉做的大馅饼，又叫肉饼，馅多油重，最受卖力气老哥儿们的欢迎，油水足，又解馋。如果带话要满铛的肉饼，那就比平常肉饼老尺加二，再大饭量的壮汉，两个人也吃不完一个大肉饼。

已故台湾省"农林厅"厅长金阳镐在北通州潞河中学念书时期，有一次，潞河足球校队到北平东单练兵场跟英国大兵踢足球，踢了个九比零大获全胜。教练佟锦标一高兴，请大家到馅饼粥吃满铛馅饼，两人吃了一个半，那算是吃馅饼最高的纪录了。

煤市街还有一家小馆叫天承居，您要是想喝点保定府的干酢儿（土制黄酒），那您就上天承居去喝。他家的干酢儿永远没断过庄，随时供应，从没缺过货。大家到天承居，主要的是吃炸三角，北平都一处也卖炸三角，那跟天承居比，可就差得远了。

天承居炸三角不但肉选得好，肥瘦适中，吃到嘴里没有木木扎扎的感觉，就是做卤用的肉皮也非常考究，全是从肉上现起下来的。到了韭黄季买卖一忙，还要专用两个小利巴（小伙计）扦猪毛，所以他家炸三角所用的卤肉和卤都高人一筹。同时包三角也有点儿特别手法，炸起来没有咧嘴儿的三角，既不咧嘴，也不漏汤。油锅里不漏汤，炸出来的三角，自然个顶个儿的一律金黄颜色，绝没焦黑起泡的情形。

从前有位南方老客，自命老北京，有一

天吹来吹去，把一位北平老乡实在吹烦了，心里一冒坏，三说两说，哥儿俩出南城下小馆到天承居吃炸三角。等炸三角一上桌，南方老客吭哧一口，一股热卤直溅鼻孔，长袍油了，舌头烫得也起泡了，心知吹牛过分，让人阴了一下。哑巴吃黄连，有苦说不出，从此再也不敢胡吹乱嘹了。

都一处的炸三角虽然比不上天承居，可是他家的疙瘩汤也算一绝。大家都管他家的疙瘩汤叫"满天星"，疙瘩只比米粒大一点，不黏不坨，颗粒分明。有的南方人吃面食，最初只会做疙瘩汤，又叫"面疙瘩"，用汤匙一挖一团下锅，吃得人人皱眉，真是食不下咽。等尝到都一处的满天星后，才发觉敢情北平的疙瘩汤，是早香瓜——另一个味儿呢。

正阳门大街路西有一家小馆叫"一条龙"，既没有什么拿手好菜，也没有什么出色的蒸食，可是买卖老那么兴旺。因为当年乾隆皇帝微服出宫，曾经在这个小饭铺歇过。为广招徕，于是把皇帝老倌走过的路，用土垫高起来，愣管它叫"御路"。凡是来到北京逛逛的人，都要去瞧瞧，因此出了名，生意鼎盛。

要说吃，他家只有褡裢火烧做得不错。他的特色是馅儿花色预备得齐全，您要吃什么馅有什么馅，现拌馅现包现做，大冰盘里堆有一尺多高的馅子材料。除了肉馅之外，海参、皮蛋、海米、木耳、胡萝卜、韭黄、白菜、菠菜、粉丝，鹅黄翠绿，排列得整整齐齐，非常惹眼好看。同时他家的褡裢火烧包得非常小巧精细，比起此地单摆浮搁、比春卷还要大一号的褡裢火烧，似乎中看多了。

北平还有一家小馆子叫穆家寨，掌柜兼掌厨的穆大嫂，人都管她叫穆桂英。这位穆桂英是闻名不如见面的一个黑粗矮胖的中年妇人。教门馆只卖牛羊肉，他家炒猫耳朵最出名，炒猫耳朵要轻油大火勤翻勺，炒得透，那就要靠臂力腕力了。穆大嫂一过五十，就不大亲自下厨了，可是碰到老主顾点将，她偶或仍旧表演一番。

东四牌楼隆福寺街有一家小饭馆,一进门靠东墙就是一排大灶,它的名字叫"灶温",大家叫白了都叫它"遭瘟"。

它叫"灶温"是有原由的,刚开张的时候,本来是一家茶馆,可茶客有时自带青菜、鱼肉、蒸食、面条,他家也可以代炒、代蒸、代煮,借他的灶火,温您的吃食,所以叫灶温。据说这个馆子明朝崇祯年间就有了,民国初年开征营业税,财税机关因为查铺底,才查出来。要是真的话,那比广和居还要老,大概得算全北平最老的饭馆了。传言他家最初就只是给茶客炸酱煮面条,所以要吃炸酱面,他家的肉丁或肉末干炸是最拿手的。

灶温对面有一家羊肉床子叫"白魁",一立夏就开始卖烧羊肉了。跟灶温借个中碗,到白魁切点羊排叉或是羊腱子,宽汤加点鲜花椒蕊,再来上面条或是杂面,到灶温一下锅,那真是要多美有多美。

后来，民国十八九年，北平在山西派势力之下，很时兴了一阵女招待，大名鼎鼎的"小金鱼"就是在灶温哄起来的。女招待闹哄了两三年，灶温老板一看情形不妙，于是又停用女招待，恢复本来的面目，仍旧以带肉馅的锅塌豆腐、烩白肉丁加糟、小碗干炸多搭一扣的炸酱面来号召了。

北平大大小小饭馆还有若干没有写出来的，以上不过是举其荦荦大者，让没有到过北平的人领略一下当年风貌。

再谈吃在北平

前些时在"联副"写了一篇《吃在北平》，承蒙梁实秋先生以"子佳"笔名指教①，同时新知旧识纷纷来信说北平的饭馆还有许多可写的，你都没写，所以（再写这篇补遗）把北平几个名教门馆再谈谈。

现在正是吃焖烤羊肉的季节，我们就先说东来顺吧。

东来顺掌柜的姓丁，起先是推车子下街卖铛焖羊肉的，后来因为手艺好，分量给得

---

① 梁实秋《读＜吃在北平＞后》及《读＜中国吃＞》见附录。

足，小买卖越做越兴旺，可就改在东安市场里摆个摊子了。手底下既干净，人又随和，再加上羊肉筋头码头全部剔掉，所以顾客如云，生意鼎盛，到了中晚饭口上，大家要排队才能挨得上座儿。而且一个人也实在忙不过来，于是跟牛街姓赵的开起东来顺来了。由二层楼扩充到四层楼，连屋顶都卖座，这纯粹是人家丁老板苦心孤诣惨淡经营的成果。

东来顺是个不忘本的铺眼，尽管买卖升发了，可是对着吉祥茶园后灶的火房子，仍旧砌了两排砖桌石凳，凡是贫苦大众，到那儿吃羊肉饺子、牛肉大葱、羊肉白菜，油足肉多，一律四分钱十个。特号食量的人，四十个饺子，再来一碗羊杂汤也尽够了。您要是在楼上吃，虽然饺子的肉是上肉做馅，可是那就要卖您四毛钱十个了。人家默默行善，恤老怜贫，所以买卖越做越大越发旺。

东来顺生意发达了之后，先在南郊、西郊各买了几十亩地，开辟园子种菜。凡柜上用的蔬菜，全是自家园出产，既地道，成本当然更低。跟着又开了一个酱园子，所以同样一个菜，跟别的饭馆开同样价码，可是东来顺就比别家利润厚得多了。

东来顺最拿手的菜是羊油豆嘴儿炒麻豆腐，虽然是一道极普通的家常粗菜，可是他们家羊油跟猪油一样，分老油、中油、嫩油，炼出来用瓷坛子盛起来，随时拿出来用。据说羊油越炼越没膻味，同时麻豆腐自己磨，发酵程度正合适，酸中带点甜头，所以这道菜在东来顺可以说早香瓜——另一个味儿。

炸假羊尾也是东来顺的拿手菜。把蛋白打得起泡，裹上细豆沙，薄薄滚上一层飞罗面，炸起来真像炸羊尾。这是一道比较别致的甜菜。据说最受热河都统马福祥将军的激赏，每次到北平公干，一定要上东来顺吃一回，因为马都统对炸羊尾是每饭不忘的。

他似蜜也是"回教馆"的名菜。北平有十来个大小回教馆，可是谁家做的也没有东来顺做的入口滑润。他似蜜大概是回语翻成汉字的，说穿了就是滑熘羊里脊丝。高雄有个北平馆子，特别在报上登广告，拿手菜有他似蜜，不知道味道怎么样。

东来顺少掌柜的丁永祥，虽然上了两年商业学校，可是因为柜上买卖忙不过来，也就弃学从商了。饭口已过，他一得空就往东安市场南花园曹小凤开的德昌茶楼蹓跶，到得早来个《锁五龙》，到得晚人家唱《法门寺》，他给配个刘彪。久而久之，可就迷上票房啦。丁老掌柜的一瞧不对，就派他在三楼看座，不准下楼，可是丁永祥真有一手，就在三楼练嗓子，一会儿来一嗓子"看座呀"，一会儿大喊一声"小费多少谢啦"。把嗓子练得又高又亮。协和医院药房名净票张稔年、戏曲学校费玉策的父亲费简侯，都是东来顺的常主顾，跟丁永祥都算莫逆之交，他们一到东来顺就往三楼上跑，一聊天一吊嗓子就两三个钟头。

后来丁永祥拜蒋少奎为师，对戏就迷得更厉害了。有一年冬天，老掌柜的上天津随份子去了，丁少掌柜的一看这可是好机会，于是会同张稔年、费简侯具名出知单，把六九城的净行，可以说全请到了。恰巧当天笔者也在东来顺吃涮锅子，丁永祥把知单拿出来显摆显摆：计有裴桂仙、董俊峰、郝寿臣、侯喜瑞、于云鹏、蒋少奎、王连浦、骆连翔、李寿山、范福泰、范宝庭，连净行票友秦瑕庵算起来一共有二三十位，真可以算是净行伶票大联欢。据说当时这一拨人光是牛羊肉片就切了三百多盘。后来丑行有人发起，也打算来一次大联欢，可就办不成了。这件事丁永祥一提来就眉飞色舞，认为是东来顺创业以来最露脸的事呢。

谈完东来顺该说说西来顺了，西来顺坐落在西长安街，跟宣南春对面（后改"中央理发馆"），原来是华园澡堂子铺底，由清真教名厨师褚祥，跟回教富商穆子渊倒过来开的，开张正赶上腊月，门口左右两边，挂着红字白底"烤涮"两个磨盘般大字，周围缀满了小电灯，既豁亮又醒眼。一进门是长条院子，正房跟两边东西厢房，都隔成雅座，高大的铅铁罩棚底下，摆了一排烤肉支子，只要是饭口，您打从西来顺门口一过，一股子烤肉香味，由不得您就要往里迈腿进去解解馋。

西来顺的菜码，要比东来顺高一成到两成，可是菜也就细致多了。西来顺能办清真翅席，可是用东来顺整桌席面的，那还是很少见呢。

北平人原先吃烤鸭讲究上便宜坊、全聚德，后来会吃的主儿要吃烤鸭，都奔西来顺了。吃烤鸭最主要是鸭皮酥而脆，鸭肉嫩而醲。便宜坊、全聚德食古不化，墨守成法，遇上下雨下雪天，您去吃烤鸭吧，鸭子烤得片好上桌，照样皮软肉柴，有嚼不动、咬不断的感觉。因为宰好的填鸭，必定得先挂起来风干，等水气散去，拿下用鼓气针扎在鸭子皮里吹气，让皮肉分离，再挂起来过气，等吃的时候再上炉现烤，才能好吃。可是遇上阴天下雨，空气湿度太高，您不管怎么样风干过风，因为脱水不够，烤出来的鸭子总是皮皮啦啦不酥脆。褚祥对于烹调一道非常肯动脑筋，又加上西来顺原先华园堂子烧大池的炉灶没拆，于是他拆拆改改，变成一间小型干燥室。西来顺的烤鸭，除了先过风之外，不论晴雨，都另外加一道干燥过程，所以他家的烤鸭不论晴雨，都皮脆肉嫩，反倒后来居上。真正的鸭子楼反倒赶不上人家了。

西来顺的鸡肉馄饨也算一绝，不过知道的主儿不太多。馄饨的好坏，馅子皮儿各占一半。鸡肉一定要选活肉做出来的馅子才能滑润适口，皮儿一定要用擀面杖擀出来的，切面铺的皮太薄，可是也不能太厚。徽州的鸭肉馄饨，虽然味道也不错，可惜皮儿厚了点儿，未免减色。所以包馄饨的皮儿，一定要用手擀得厚薄适度，包出来的馄饨，才能称为上选。

胜利之后，马连良多福巷寓所，是当时达官显要吃消夜的最高级处所，其实最著名的点心，也就是鸡肉抄手跟攒馅儿烫面饺儿。早先西单牌楼西长安街拐角有个会仙居，大家都管它叫"小楼"，早上卖炒肝、攒馅烫面饺，后来一拓宽马路，把个会仙居拓没有了，居然在马温如家能吃着攒馅蒸饺，大家都有如睹故人的感觉。

所谓"攒馅"，主要的材料是鸡鸭血、胡萝卜丝、老南瓜、干虾末等样，可是蒸出来烫面饺，愣是别有一番滋味。褚祥每天晚上都到马连良家料理消夜，虽然挣钱不多，可是认识了不少显贵。听说后来借着这条路线，到了美国洛杉矶开了一个富丽堂皇的教门馆，现在已经腰缠百万在美国做富家翁了。

前门外的教门馆，以两益轩最够排场，论资格比东、西来顺都老。早先梨园行的人都住在南城外，不管哪一工都要注意保护嗓子的。大家都认为吃猪肉最爱生痰，所以不论大教、清真教、梨园行的朋友，都喜欢到教门馆吃牛羊肉。两益轩占了地利的好处，于是就让梨园行给捧起来了。

两益轩的烹虾段是最叫座儿的菜，马连良在梨园界可算是美食专家，只要是对虾季儿，一到两益轩定先来个烹虾段掺酒，跟着再来一个两个都说不定。

两益轩还有一个菜，是老牌电影明星"黑牡丹"宣景琳发现的。宣从上海脱离影界，就去北平养老。有一次跟朋友到两益轩小酌，跑堂儿给她介绍一个不荤不素的下酒菜，叫烧鸭丝炒蜇皮。烧鸭丝要用带皮的烧鸭切丝，有点熏烤味，海蜇一定要用蜇皮，爱吃香菜的再上一点儿香菜一炒，端上桌来真是色香味俱全，可以说得上是下酒的妙品。不过这个菜需要恰到好处的火功，蜇皮老嫩都嚼不动，如何才能恰到好处，那就要看大师傅的手艺了。

顾兰君有一年到北平去玩，宣景琳请顾兰君到两益轩小吃，就来了个烧鸭丝炒蜇皮，顾尝了之后赞不绝口。后来回到上海，有一天在四马路大雅楼吃饭，想起这菜，大雅楼又是个北方馆，于是要一个烧鸭丝炒蜇皮。等菜端上来一尝，烧鸭丝没带皮，柜上还特别讨好，海蜇皮改用海蜇头来炒，火候拿不稳，简直嚼不动。由此可见随随便便一个菜，摸不着窍门，贸然逞能去试，都会砸锅的。

两益轩还有一个特点，不管生张熟魏，只要您同朋友一入座，他必定来两个敬菜，不是酥鲫鱼就是芝麻酱拌苣荬菜，要不就是木樨枣儿，小碟小盘实惠又得吃。不是说柜上送的，就是说伙计们的敬意儿，听到耳朵里，让主人从心眼儿里痛快，而且当着朋友也显得特别有面子。您吃完一算账还能不多赏几文小费吗！现在台湾饭馆子可好，有理无情愣给您加上一成服务费，吃不吃最后都给您端一盘西瓜或者是几块橙子，生熟不管，酸甜不论，反正是捏住脖子要钱，让人想起从前北平大小饭馆跑堂儿的殷勤周到，怎么不让人发思古之幽情呢！

北平上饭馆的诀窍

北平是个五方杂处、人文荟萃的地方，所以山南海北，各省各县有名的大小饭馆儿，也就应运而生。北平人哥儿几个一凑合，讲究下小馆乐和乐和，花钱不多，还得充肠适口。所以进饭馆吃饭，无论是整桌的燕翅席，或者是叫两个小炒，会吃的都有个一定之规，让堂口到灶上都知道您是位吃客，灶上的调和不敢随便乱配，堂口的堂倌更不敢欺生慢客。

北平老饕进饭馆，讲究可多啦，有的吃堂口，有的吃灶儿上，吃灶儿上还分是吃红案子还是白案子。譬如说吃堂口，那就是堂倌伺候殷勤周到，处处给主顾省钱做面子。您进饭馆一入座，堂倌一看您同来的朋友，有几位生脸色，再一听是外路口音，您一点菜又是价码高的场面菜，堂倌就明白今天请的是什么样的客，是什么样的目的啦。一方面替您出主意，一方面往外报柜上今天准备的时鲜菜。等菜点得差不多，堂倌又开口了，柜上还有两个敬菜，大概也够吃啦，如果不够再找补，要是叫太多吃不了也糟蹋。堂倌这么一说，客人觉得柜上一定跟主人有交情，主人平素出手一定很大方，做主人也觉得脸上有光彩，既省钱又有排场。等一上菜，堂倌先上敬菜，一定都是时鲜拿手名菜，还要报出一声是柜上做的，当然等算账上的时候，主人心里有数，除了把菜价算到小账里，还得老尺加二。可是吃完之后，客人吃得其味，主人面子十足，堂倌身受其惠，真是三方面皆大欢喜。可是有一样，您一坐下，叫的是家常豆腐、三合油拍黄瓜一类的菜，人家堂倌可也不能拿烹虾段、烩乌参一类贵菜给您当敬菜的。

馆子最讲究吃熟，假如您今天没饭局，信马由缰您走进哪个饭馆，自己也想不出吃什么来，您让堂倌给想点吃儿。可巧正碰上今天柜上有酒席，堂倌可能说您甭管啦，我给您颠配颠配吧，待一会儿您吃的等于是一桌小型独坐酒席，人家席上有什么，您也吃什么。您吃完堂倌也不会给您算账，多给小费就成啦。可是有一宗，这种堂倌一定要是堂口的大拿，上海所谓"能博温"，不但平时支工钱，到年终还得劈花红才行呢。话又说回来啦，他要不是看准了您是个大主顾，他也不肯干。这种吃法叫"吃飞"，就是别人的菜飞到您这来了，照这么一说那人家办酒席的主儿，岂不是吃了大亏吗？其实也不尽然，有人吃飞，堂口老早就关照灶上多留点勺把儿了。

有一般大爷们，天天上馆子，胃口都吃

倒了，三五个人一进饭馆谁都不愿意点菜。后来谁也不点，每位多少钱，让馆子里自己配，喝酒就配两个酒菜，不喝酒索性全是饭菜。北平各大饭馆子，很时兴了一阵子，这种叫"自摸刀"的吃法（我想这个名词，一定哪一位牌友兴出来的，由"自摸双"而联想"自摸刀"，也不怕割了手，一笑）。到了民国二十三四年，丰泽园一客"自摸刀"，最好的要四十块钱一客，那是真宰人啦。

北平自从兴了一阵子女招待之后，添了好多邪魔外道的小馆，您同朋友小吃，一入座堂倌就捱着您，什么菜贵让您点什么。两人吃饭，他能给您上个十寸盘红烧虾段。他为什么死乞白赖捱您吃红烧虾段呢，因为他们冰箱里的对虾已经有味，虾头都快掉了，再卖不出去，只有往脏水里倒啦。碰了这样的堂倌，也有法整他。您说不爱吃红烧虾段，太腻人，清爽点你给我来个黄瓜炒对虾片，或者来个对虾片鸡蛋炒饭加豌豆，他马上麻了爪子，不提让您吃对虾了，因为他们的对虾，可能糟到不能切片，即或能切片，拿黄瓜豌豆绿色一比，他也端不上桌儿了。

北平人请客吃饭，讲冠冕当然是整桌酒席。可是有一类客人，打算套近乎，请他用酒席，又显着生分了点；临时现点菜又觉得有点不够礼貌，所以有一种吃法叫宾主尽欢。方法是主人先到饭馆点个大菜，像红烧乌参、白扒鱼翅啦，再不黄鱼四吃、梅花热炒，或者烤只填鸭，来个鸳鸯双羹、核桃三泥啦。等客人一到齐，那就要看堂倌的火候如何了，他首先要把主人已经准备的几个大菜报出来，然后依序请示主客陪客点什么菜吃，所报菜名要跟主人点的菜配合，不能冲突。也不能专报贵菜，让主人花钱太多，要是座中有利巴头①的客人乱点一通，堂倌还要委婉说明

---

① 指门外汉。

菜已够吃，还得顾虑怕客人挂不住烧盘①。这种宾主尽欢的吃法，最好宾主对吃有点素养，否则不是点的菜不够吃，就是菜叫多啦，吃不了都剩下。

北平的饭馆，跟目前台湾的饭馆可不一样。山东馆就是山东菜、江浙馆就是江浙菜，甚至于同是山东馆，您家的拿手菜别家绝不做。例如拿潘鱼江豆腐说吧，那是广和居的名菜，等广和居关门，灶上原班人马，到了同和居，要吃潘鱼江豆腐，您得上同和居去吃，别家山东馆都不会承应的。现在倒好，北京馆卖清蒸鲥鱼，江浙馆卖挂炉烤鸭，简直全乱了套啦。因各家馆子有各家的拿手菜，所以在北平下小馆儿点菜，就成了一门学问。

笔者有位至好的官方朋友到北平来观光，平素久闻东兴楼是北平著名山东馆儿，少不得约上几位熟朋友，在东兴楼给他接风。既

① 烧盘，指脸上发红。挂不住烧盘，即脸上挂不住。

然是至好，要叫整桌菜，觉得有点不够意思，所以采用宾主尽欢，点几个菜吃，哪知堂倌一请点菜，这位爷点了个火腿鸡皮煮干丝。当时堂倌就打了个愣，等大家把菜点完，堂倌把我请到房外廊檐下说他是特客，柜上没有这个菜，又不便驳回，您看怎么办？我告诉堂倌，这是淮扬馆最普通的菜，咱们客人是吃惯了扬州富春花局的煮干丝，他认为这个菜你们还不会做吗？不要紧，赶快派人到锡拉胡同玉华台叫一份，跟你们的菜一块上就行啦。这件事经笔者这么一调派，才算了局，否则的话，大家岂不都僵住了吗？由此足证常常下小馆的朋友，对于点菜之道总得研究研究。

北平的甜食

提起吃零食，以南方来说得数苏州，不但玲珑细致，而且种类花样繁多。以北方来说，那就得数北平啦。我把北平零食分出甜咸两部来说，先说甜的吧！

北平甜食种类，可海啦去了。先拿糖葫芦说吧，南方叫"糖球"，天津叫"糖墩"，北平叫"糖葫芦"。北平卖糖葫芦，分两种，一种是提着篮子下街，一边吆喝，一边串胡同，怀里还藏着一个签筒子，碰上好赌的买主，两人找个树阴凉或者大宅门的门道，抽回大点，抽一筒或半筒的真假五儿，再不就赌赌牌九。有时一串葫芦没卖，能赚个块儿八毛，碰上手头不顺，也许输上几十串葫芦。有的大方买主哈哈一笑也就算了，要是碰上小气主儿，就记着数儿慢慢吃吧。

串胡同卖糖葫芦的，虽然种类没有摊子上式样多，可是葫芦绝对地道。干鲜果子固然得新鲜，就是蘸葫芦的糖稀，也绝对是用冰糖现蘸现卖，绝没陈货。

摆摊子的糖葫芦，大家都说九龙斋的葫芦最好，其实您要是问我九龙斋在什么地方，真正老北平也说不上来。我只知道大栅栏东口外马路上，每天华灯初上，支着一个大白布篷子，拉上一盏五百烛光大灯泡，摊上正中摆着一座玻璃镜，上头漆着"九龙斋"三个大字，那就是九龙斋啦。除了各式各样糖葫芦之外，冬天还卖果子干，夏天改卖酸梅汤。您别瞧不起这个摊儿，据说，一晚上卖得好，所赚的钱，比同仁堂不在以下呢！糖葫芦如果讲究式样齐全，那九龙斋就比不上东安市场大门正街的隆记了。

东安市场的隆记，摊子正挨着一个买卖鲜花儿的，到了傍晚时候，晚香玉、栀子、茉莉、芭兰一放香，谁走过都要停下来瞧瞧闻闻香。隆记摊子上的小伙计一声"葫芦……刚蘸的呀"，先喊一声"葫芦"，要走个三四步才喊出"刚蘸的呀"四个字。这个吆喝，不但是东安市场一绝，甚至于说相声的高德明、绪德贵还把它编到相声里，录了唱片呢！

隆记的糖葫芦色彩配得最好看的，是大山里红嵌豆沙，豆沙馅上用瓜子仁，贴出梅花、方胜、七星各种不同的花式。要说好吃，去皮的荸荠果，蘸成糖葫芦可以说甜凉香，兼而有之。再者就是一个沙营葡萄，夹一小块金糕①，红绿相间，不但好吃而且好看。隆记的糖葫芦虽然是式样齐全，要什么有什么，可是您要是吃整段山药蘸的葫芦，那您得上九龙斋去买，隆记是不卖的。

---

① 即山楂糕。

笔者曾经问过，他们两家都笑而不答，到底葫芦里卖的是什么药，直到如今还是个谜，让人猜不透呢。北平有一句歇后语是"九龙斋的糖葫芦——别装山药啦"。可见大家对九龙斋的山药糖葫芦，是多么捧场呀。

　　豌豆黄和绿豆黄到台湾后也没吃过。北平的豌豆黄分粗细两种，粗豌豆黄是用砂锅淋出来的，现切现卖，买多少切多少，用独轮车推着下街卖，架式跟卖切糕的差不了多少。至于细豌豆黄，虽不是什么稀罕物，可是整个北平也没有几份儿，要说够水准的还得数东安市场靠庆林春茶庄老杜的手艺高。

　　老杜的买卖，以卖豌豆黄为主，每块约四寸见方，分带山楂糕、不带山楂糕两种。当时还没有电冰箱，他有自备白铁皮内放天然冰小冰箱一只，顶多搁二三十块，每天下午三四点钟摆摊，卖完就收。他的豌豆黄保证新鲜，没有隔夜货，豆泥滤得极细，吃到嘴里绝对没有沙棱棱的感觉。而且水分用得更是恰到好处，不干不稀，进嘴酥融。

碰上老杜高兴，有时候也做几块绿豆黄来卖，绿豆黄做法虽然跟豌豆黄差不多，三伏天一块一块，绿莹莹的，冷香四逸，不但瞧着阴凉，夏天吃了还能却暑解毒。尤其每块上都嵌上一些枣泥，枣香扑鼻，更觉得特别好吃。在北平卖豌豆黄虽然不算稀奇，可是卖绿豆黄的，在北平老杜就得算头一份儿了。

北平的蜜饯，跟台湾可不一样。北平蜜饯，虽然种类没有台湾多，可是山楂红得像胭脂、海棠黄得如蜜蜡，甭说吃，瞧着都痛快。有一种山果叫温朴，是北平西山特产，有樱桃一般大小，那是专门做蜜饯的隽品。到了三九天，天上一飘雪花，您约上三几位朋友一起下小馆，让伙计先来个温朴拌白菜心，蜜汁把白菜心染成粉红颜色，真可以说色香味俱全，绝啦。

北平虽然也有专卖蜜饯的铺子，可是大

半都是果局子代卖。从前有几位上海古董界大亨到北平去观光别宝，回到上海说，北平有三样是上海比不了的，第一是北平的故宫珍藏，第二是饭馆、茶叶铺、绸缎庄伙计那份儿殷勤，第三是果局子里那份儿排场款式。那真是说得一点儿也不错。蜜饯在果局子里，都是放在三尺见方白地蓝花大海碗里，半块盖子是榆木红漆，半块是厚玻璃板，您要是走亲戚看朋友，他有免费奉送的绿釉沙罐，所费不多，还不寒碜。在台湾一吃宜兰金枣，不知不觉就想起北平蜜饯温朴来了。

北平酸梅汤是驰名中外的，就是上海郑福记，以卖酸梅汤出名，他家的招牌上也是写着"北平酸梅汤"来号召的。在北平一提酸梅汤，大家就想起信远斋来了。其实在庚子年闹义和团之前，北平酸梅汤是属西四牌楼隆景和最出名。

隆景和是一家干果海味店，这类铺子都是山西人经营的，从掌柜的到学徒的，全是山西老乡，所以大家都管他们这类铺子叫"山西屋子"。不但货真价实，而且铺规最严，所交往的都是大宅门、大行号，甚至有大宅子官眷，把成千上万的银子，存在山西铺子里生息，比钱庄票号还可靠。隆景和的酸梅汤，因为不惜工本，所以卖酸梅汤就出了名啦。其实他门口一碗一碗地卖酸梅汤，每天下不了多少钱，主要是论坛子往外送。隆景和因为富名在外，所以一闹"拳匪"，被流氓地痞抢了个一干二净。后来虽然恢复旧业，究竟元气大伤，买卖大不如前。于是琉璃厂的信远斋就取而代之啦。

谈到信远斋，只有一间门脸儿，左首门外有堵磨砖影壁墙，中间有个磨砖斗方，写着"信远斋记"四个大字，是北平书法家冯恕的手笔。信远斋就信远斋吧，干什么还加上一个"记"字？谁从他门前走过都觉得这块斗方有点别扭，可是谁也不好意思问问。有一回江朝宗跟冯公度在一处饭局碰上，江字老可就把这个疑问提出来，向冯公度请教啦。冯一边理着胡子，一边笑着说："一点深文奥意都没有，只不过在商言商，替信远斋拉点生意而已。您想琉璃厂整条街除了卖文房四宝，就是古今图书，要不就是文玩字画，在这一带蹓跶的，都是些文质彬彬的读书人，偏偏信远斋开在这个地方，要是不用不通的怪招牌，怎么能往里吸引主顾呢？"说到这里，两老哈哈一笑，才知道牌匾上用个"记"字里头真还大有文章呢！

信远斋的酸梅汤，唯一特点就是熬得特别浓，熬好了一装坛子，绝不往里掺冰水，什么时候喝，都是醇厚浓郁，讲究挂碗，而且冰得极透。您从大太阳底下一进屋一碗酸梅汤下肚，真是舌冰齿冷，凉入心脾，连喝几碗好像老喝不够似的。

笔者好奇，有一次问他们柜上最高纪录一人一口气能喝几碗，据说一下子喝个十碗八碗不算稀奇。有一年净票张稔年跟丑票张泽圃打赌来喝酸梅汤，张泽圃喝了十四碗就再也喝不下去了，人家张稔年面不改色一口气喝了二十六碗，在信远斋来说算是破天荒的大肚汉了。

果子干儿也是夏天一种生津却暑的甜食，差不多水果摊夏天都卖。卖果子干从来不吆喝，可是手里有对小铜碗，一手托两碗，用拇指食指夹起上面的，向下面的敲打，敲得好的能敲出好多清脆的花点来。

果子干的做法，说起来简单之极，只是杏干、桃脯、柿饼三样泡在一起，用温乎水发开就成啦。可是做法却各有巧妙不同，既不是液体，可也不能太稠，搁在冰柜里一镇，到吃的时候，在浮头儿上再切上两片细白脆嫩的鲜藕，吃到嘴里甜香爽脆，真是两腋生风，诚然是夏天最富诗意的小吃。

北平在春尾夏初白丁香紫藤花都灿烂盈枝、狂蜂闹蕊的时候，饽饽铺的藤萝饼就上市了。要说好吃，藤萝饼跟翻毛月饼做法一样，不过是把枣泥豆沙换成藤萝花，吃的时候带点儿淡淡的花香，平常净吃枣泥豆沙，换换口味似乎滋味一新。还有一种是把藤萝花摘下来洗干净只留花瓣，用白糖、松子、小脂油丁拌匀，用发好的面粉像千层糕似的一层馅，一层面，叠起来蒸，蒸好切块来吃。藤萝香松子香，糅合到一块儿，那真是冷香绕舌满口甘沁，太好吃了。可惜来台湾二十多年，从南到北全是各色的九重葛，始终未见过一架藤萝，不然蒸点儿藤萝饼吃，那有多好呀！

根据民俗作家金受申先生的考证，北平各铺户门的款式格局，只有中式饽饽铺，是保有元朝风格的。门口所挂的幌子，配有流苏，飞金朱红栏杆，柜台两边山墙，五色缤纷的油漆彩画，的确古色古香，跟别的买卖家气氛不同。据说饽饽铺粗细点心大小八件，早先有一百二三十种之多。北平人出远门，给亲戚朋友带点儿礼物，北平甜点心总是少不了的土产。目前这些甜点心，在台湾像不像三分样，大概都能做了，可是有几样点心不是做得满拧就是根本不会做。

先拿萨其马来说吧！这是一种满洲点心，面粉用奶油白糖揉到一块搓成细条，切成一分多长过油，再醮起来撒上瓜子仁青红丝，一方一方，再切开来吃。真正的萨其马有一种馨逸的乳香，黏不粘牙，拿在手上不散不碎，跟现在台湾市面上所卖巨型广式萨其马，截然不同。只要吃过北平萨其马的，再吃台湾出品，没有不摇头的。

还有一种叫小炸食，有小馒头、小排叉、小蚌壳、小花鼓，大概不同形状的有十来种，都只有拇指大小。据说每种都有不同的说词，是清代祭堂子时候的一种克食，后来饽饽铺也仿照做出来卖。

此外，勒特条台湾也没见过，这种点心做来并不难，奶油面粉白糖和好切成条，用牛油来炸，炸透沥干，这是从前满洲人出外行猎吃的点心，可以久存不坏，而且经饱。抗战之前，北平大饽饽铺如兰英斋、毓美斋都有得卖，大陆人来台后在台湾生的小孩，甭说吃，"勒特条"这个名词，就是听，恐怕也没听说过啦。

金风送爽，一立秋，大街上干果子铺的糖炒栗子就上市啦！卖糖炒栗子，得把临时炉灶、大铁锅、长烟筒，先搬到门口架上安好。等太阳一偏西，就把破芦席干劈柴点着，先在锅里炒黑铁砂子，等砂子炒热，放下栗子，用一种特制大平铲，翻来覆去地炒，不时还往锅里浇上几勺子蜜糖水。等栗子炒熟，便往大铁丝筛子里盛，把砂子抖搂回锅，热栗子可就拿到柜台上用簸箩盛着，盖上棉栲单，趁热卖了。热栗子又香又粉，愈吃愈想吃，时常吃得挡住晚饭。您如果把吃不了的糖炒栗子碾成粉，用鲜奶油拌着吃，那就是名贵西点奶油栗子面啦。

北平还有一种点心叫薄脆，有三号碗大

小，面上沾满了芝麻，中间还点上一个小红点，酥不太甜，薄薄一片，一碰就碎，所以叫薄脆。卖桂花酥糖挑子上也有的时候卖，可是多半不够酥脆，要吃好薄脆那您得到西直门外，高亮桥路南一间门面的小铺去买。凡是清明上坟插柳，郊外踏青，回程经过这家独门生意的小铺，差不多都要带几块甜咸薄脆回家。甜薄脆北平城里还买得到，掺了花椒盐的咸薄脆，除了他家，北平城里城外，是没第二份的。

从前唱须生的言菊朋，吃东西最爱摆谱儿，他说清早喝豆浆，清浆不放糖，拿两块椒盐薄脆泡在浆里吃，有说不出的美味。笔者一直想尝试一下，可是在台湾，到什么地方去买咸薄脆呀。

北平一般人家到了过年，拿蜜供来上供，可是一桩大事。供灶王，供神佛，供祖宗，最少也要三堂。这三堂蜜供，价钱可相当可观，所以点心铺就动脑筋，想出打蜜供会的办法来。由点心铺发起，从二月初一开始，出红帖请人参加，说明您要多少斤重的多少堂，然后按月上会，一直上到腊月除夕之前，会上满了，您就有蜜供啦。据饽饽铺手艺人说：做蜜供，虽然离不开油糖面，可是吃到嘴里，要松而且酥，还得不粘牙，可就不简单了。每个蜜供条儿上，有过沟，还有一条细红丝，才能算是蜜供。

到台湾二十多年始终没吃过，去年承夏元瑜兄远道惠赠一盒蜜供，条上也有沟，也有红丝，形状很像，可是吃到嘴里，味儿就似是而非了。不过多年没吃，远道得此，也慰情聊胜于无啦。

北平的独特食品

谈到咸的零食小吃，那比甜的种类更多啦，提出几样台湾见不着、吃不到的来说说吧。

灌肠，北平的灌肠是猪肠灌团粉一类东西，粉的颜色，切成薄片，放在平底铛上半烤半爆的一种吃食，蘸着蒜泥盐水，用竹签子扎着吃。这种小吃，虽然也有下街卖的，可是多数都是赶庙会来卖。一个挑子，一头摆作料零碎，一头是炭火平底铛，您吃多少他给您切多少来爆。据说他家用的油掺有马油，所以爆出来的灌肠外焦里嫩，特别好吃。有的人逛庙会，不为看热闹买东西，其目的是专程来吃灌肠的。您要吃上瘾，闻到灌肠味，总得赶过去爆一盘解解馋。

豆汁儿可以说是北平的特产，除了北平，还没有听说哪省哪县有卖豆汁儿的。爱喝的，说豆汁儿喝下去，酸中带甜，其味醇醇，越喝越想喝。不爱喝的说其味酸臭难闻，可是您如果喝上瘾，看见豆汁儿摊子，无论如何也要奔过去喝它两碗。北平卖豆汁儿的有挑担子下街的，有赶庙会摆摊子的，只有天桥靠着云里飞京腔大戏旁边奎二的豆汁儿摊，那是一年三百六十天都照常营业的。

他姓奎自然在旗，云里飞时常拿奎二打哈哈，他说奎二摊子有三绝：第一，各位主顾只要往摊子边一坐，您就算是皇上御驾光临啦。因为天桥一带都是土地，一起风，尘土飞扬，豆汁儿碗里，等于撒了一把香灰，辣咸菜里加上了胡椒面，您说怎么喝。所以人家奎二每天摆摊儿之前，先用细黄土把摊子四围填满拍平，然后随时用喷壶洒水，您坐下喝豆汁儿，给您黄土垫道净水泼街，您不是临时皇上了吗？第二，奎二的辣咸菜那是谁也没法子比的。大家都说西鼎和酱菜切得细，人家奎二的咸菜丝儿，比起来更细更长。第三，奎二的豆汁儿酸不涩嘴，浓淡适口，豆汁儿一起锅，不管买卖多冲够卖不够卖，绝不掺水。虽然云里飞是给朋友宣传，可是他说的都是实情一点儿也不假。

从前北平财商学校的校长费起鹤，每到假日，就携儿带女到天桥奎二摊子上喝豆汁儿。后来做了财政部赋税署署长，有一次跟笔者聊天，他说现在什么都不想，有时忽然想起奎二的豆汁儿，马上腮帮子发酸，恨不得立刻回趟北平，到他天桥摊子上喝两碗才过瘾。您就知道奎二的豆汁儿有多大魔力了。

现在台湾除了豆汁儿之外，有一种清酱肉，市面上也没见过。当年上海富商犹太人哈同的太太罗迦陵，就爱吃北平的清酱肉夹马蹄热烧饼。按说哈同家里还少得了金华火腿、昆明云腿、雪舫蒋腿这类上好火腿吗？可是哈同太太偏偏专门爱吃北平的清酱肉，还得是北平东城八面槽①宝华斋的。传说有一年，哈同太太在宝华斋一口气买了五六百斤清酱肉，交轮船运回上海去，害得宝华斋一年多没有清酱肉应市。

究竟清酱肉好在哪里呢？据说清酱肉要一年半才算腌好出缸，绝无油头气味，火腿要蒸熟才能吃，清酱肉只要一出缸就可以切片上桌，真是柔曼殷红，晶莹凝玉。陈散原先生生前说过，火腿富贵气太浓，倒是清酱肉清逸浥润，宜饭宜粥。足证清酱肉是小吃中的隽品了。

羊头肉这种小吃，也可以说是北平的一样特产。卖羊头肉是论季节的，不交立冬，您就是想吃羊头肉，全北平也没有卖的。卖羊肉多半是背竹筐子来卖，挑担子摆摊子卖

---

① 今王府井大街中段。

的，就不常见了。到了数九天，晚上八九点钟，路静人稀，西北风刮起来，就像小刀子似的剐脸，远巷深处，您就听见卖羊头肉的吆喝了。

卖羊头肉的，都带着一盏雪亮灯罩儿的油灯，大概是卖羊头肉的标志。虽然卖羊头肉的主要是羊前脸，还有羊腱子、羊蹄筋，碰巧了有羊口条、羊耳朵甚至于羊眼睛。切肉的刀，又宽又大，晶光耀眼，锋利之极，运刀如飞，偏着切下来的肉片，真是其薄如纸。然后把大牛犄角里装的花椒细盐末，从牛角小洞洞磕出来，撒在肉上。有的时候天太冷，肉上还挂着冰碴儿，蘸着椒盐吃，真是另有股子冷冽醒脑香味。羊眼睛是吃中间的溏心儿，羊耳朵是吃脆骨，羊筋是吃个筋道劲儿，如果再喝上几两烧刀子，从头到脚都是暖和的，就如同穿了件羊皮袄一样。

羊头肉是冬天卖的，烧羊肉恰巧相反，到夏天才上市。无论羊头肉、烧羊肉，一律都是清真教的买卖，唯一长处就是东西收拾得真干净。

一提烧羊肉，北平人谁都知道东四隆福寺街白魁的烧羊肉最出名。照说白魁的烧羊肉，确实不错。他之所以特别出名，是白魁对门有个灶温，您跟柜上借个碗，到白魁买一个羊腱子，或者来对羊蹄儿，再跟他多要点烧羊肉汤，拿到灶温盛他一碗把条儿（面条名称），用烧羊肉汤一煮，真是比什么炝锅面都入味好吃。

另外西城粉子胡同西口，有一个叫洪桥王的羊肉床子，他家的烧羊肉，也是西半城大大有名的。每天下午烧羊肉一出锅，往精光瓦亮的大铜盘子上一放，连肉带汤，一抢而光。还听说他家有一株百年以上的老花椒树，凡是拿着盆碗去买烧羊肉，只要说"掌柜的多来点儿汤"，人家掌柜的，另外还奉送带着叶芽又嫩又绿的鲜花椒一撮撮，煮好面条撒在面上，吃起来清美湛香，微带麻辣，真是暑天的隽品。离开北平任凭您到什么地方，也吃不着这样的美味啦。

酱肘子，台北的同庆楼、陶然亭，高雄的都一处、卿云居，都有得卖，看着也都有个样儿，可是吃到嘴里就不太对劲儿了。北平酱肘子最出名要属西单牌楼的天福。北平所谓酱肘子铺，全都带卖生猪肉跟宰现成的鸡鸭，所以又叫猪肉杠。酱肘子铺后柜，都有熏卤作坊。像天福吧，后院有口万古常新的陈年卤锅，每天到了下作料的时候，总得老掌柜的亲自动手，那是铺眼儿规矩。等混到能在熏炉旁边插个手，帮个忙，那这个学徒就快熬出来啦。买酱肘子大家都喜欢买肘花儿，那是肉的精华所在，可是到天福买酱肘子，会吃主儿都偏要点儿肥的，等酱肘子切好，立刻跑到对面宝元斋切面铺，来上两个刚出炉的叉子火烧，趁热把酱肘子夹好一口咬下去，热油四溅，一不小心能把舌头烫了衣服油了。北平有位名花鸟画家陈半丁，幼年住在上海，最爱吃上海陆稿荐的酱汁肉，自从吃过天福的酱肘子之后，才觉出北平酱肘子厚而不腻，确实比甜腻腻的酱汁肉高明得太多啦。

天福还有一种叫蛤蟆腿的，是在瘦肉核儿中间插上一只鸡腿骨，跟酱肘子一块下锅，那可是全瘦，一点儿肥膘不带，好像民国二十年以后，除非主顾指名订做，否则门市就不卖了。天福还有一样最好下酒的熏腊叫熏雁翅。是把大排骨加作料用红曲熏好，用手撕着吃来下酒，真是无上妙品。吃不光的熏雁翅，撕成碎丝，加上点儿干银鱼绿豆嘴，炒来当粥菜更是一绝。

卤煮炸豆腐，这是最平民化的小吃了，材料又便宜，又容易做。现在台湾到处都有卖臭干子的，可是还没听说有卖卤煮炸豆腐的呢。北平卖卤煮炸豆腐的，都是晚饭后才出挑子，沿街吆喝着卖。打夜牌的朋友，或者暑夜梦回的早眠人，来上一碗炸豆腐，既可以解烦渴，又能挡挡饥，的确清淡爽口。名为卤煮，其实就是花椒盐水一碗炸豆腐块另带几粒豆粉加细粉条炸的素丸子，猛一看黄里透红，跟炸小丸子差不多。台湾所以没人卖卤煮炸豆腐，可能是没人会炸豆粉素小丸子吧。

中国各地有好多地方都会做豆腐脑，有甜有咸，有荤有素，但是所谓荤的，也不过是有点儿榨菜干虾米，就是四川豆花也不过加上了臊子而已。北平有一种肉片打卤的豆腐脑，这种卖豆腐脑的，每天清早多半找个卖烧饼油条摊子旁边一摆，配合着一块儿卖。所谓肉片打卤，那真是上好的肥瘦肉先煮好切成薄片，用肉汤加金针木耳蛋花一勾芡就成了。先盛上豆腐脑，然后来上一勺子卤，就着烧饼一吃的确不赖。有人说做点肉片卤还不容易，您要知道人家手艺就在勾芡上：勾得太稠，喝到嘴里粘舌头；勾得太稀，盛个三两勺子卤一澥，那就成了光汤了。所以这份挑子也只能摆在路旁卖，没听说肉片打卤的豆腐脑挑着锅满街晃荡的，也就是这个道理。

烫面饺儿，从南到北，东西各省，差不多都有烫面饺儿卖，不过有的地方叫蒸饺、小笼、灌肠饺，名称不同而已。笔者所说的烫面饺儿，既不是点心店的，更不是饭馆子卖的，而是推着四轮车，沿街叫卖的。想当年，推车子下街卖烫面饺儿的，全带有骰子、宝盒子，拿烫面饺儿开宝掷骰子赌输赢，后来因为警察抓得紧，这才规规矩矩做买卖啦。

北平有个卖烫面饺儿的老彭，凡是在东北城住过的人，没有不知道老彭的。他本来也是沿街叫卖，后来财商专门学校搬到马大人胡同设校，校门外有一空场子，老彭看准了这一个地方，就天天推车子到那儿卖，专做学校买卖，变成固定摊位了。老彭做买卖很会动脑筋，每天预备几种不同的馅儿，价钱也有上下，最贵的是猪肉口蘑馅，现在在台湾，真正口蘑甭说吃，恐怕什么样还有人没见过呢。老彭的烫面饺儿不但馅儿拌得好，油用得得当，最绝的是饺子搁凉了饺子边也不会发硬。有一年财政部长孔庸之到北平视察财税，某位大员请他吃谭家菜，孔说："我跟财商校长费起鹤约好到学校吃烫面饺儿，谢谢啦。"后来大家传来传去，说谭家菜抵不上老彭的烫面饺儿，这话后来传到谭篆青的耳朵里，气得老谭直瞪眼儿。经过这么一宣传，此后真有坐汽车来吃老彭烫面饺儿的，您瞧老彭的号召力有多么大。

熏鱼炸面筋，背着红漆柜子满街吆喝熏鱼炸面筋，可是这两样吃食，十问九没有。他所卖的大半都是猪头上找，再不就是猪内脏。卖熏鱼的有帮，十来个人就成立一个锅伙。大锅卤，大锅熏，然后背起柜子各卖各的。江南俞五初到北平，住在南池子玛噶喇庙①里，庙里就住了一群锅伙，就这样俞振飞不知不觉把卖熏鱼的猪肝吃上瘾，只要是三五知己小酌，俞五总会带一包卤猪肝去。卖熏鱼的猪肝不知怎么卤的，一点儿不咸，还有点儿甜味，下酒固佳，白嘴也不会嫌咸叫渴。此外卖熏鱼的还卖去皮熏鸡蛋，也不知道他们是怎么挑的，每个都比鸽子蛋大不了多少，他们还代卖发面小火烧，一个火烧夹一个熏鸡蛋正合适，小酌之余，每人来上一两个小火烧也就饱啦。

---

① 即普度寺，故宫外八庙之一，2013 年被列为第七批全国重点文物保护单位。

二谈北平的独特食品

北平卖熟食，向来分红柜子、白柜子。因为卖羊头肉、卖驴肉柜都是不加漆，所以大家都叫他们白柜子，以别于卖熏鱼的。驴肉也是冬天晚上下街来卖，是下酒的绝妙隽品，尤其是喝烧刀子吃驴肉最够味。卖驴肉的暗地里都卖驴肾，可是您叫住卖驴肉的，跟他说掌柜的您给我切多少钱的驴肾，准保他回您没有。如果您跟他说切多少钱的钱儿肉，他立刻从柜底拿出来切给您。切这种肉有个规矩，一定要斜着切，所以又叫"斜切"。北平有句俏皮话是"烧酒钱儿肉，越吃越没够"。可见钱儿肉，也有它广大的主顾。

炒肝儿，台北的"真北平"，从前的"南北合"都会做，可是吃到嘴里就觉得不太对劲儿了。北平卖炒肝儿最出名的是鲜鱼口里小桥的会仙居。每天一清早，会仙居的炒肝就勾好一锅应市了，一锅卖完明天请早。所谓炒肝其实就是猪小肠猪肝加蒜末双烩。您告诉盛炒肝儿的"肥着点儿"，就是多要点肠子，"瘦着点儿"就是多盛几片肝儿。地道北平人喝炒肝既不用筷子，更不用勺儿，都是端着碗，一口一口往下唏噜。您看哪位动筷子用勺子，没错，准是外地来的。

芝麻酱面茶，也是早上配烧饼果子喝的，原料是秫米一类谷物，熬成糊状，既不甜也不咸，一碗盛好，用两根竹筷子，把紫铜锅里特制稀释的芝麻酱蘸起来，以特殊的快手法，把芝麻酱撒满在面茶上面，最后撒上一层花椒盐，冬天拿来着着烧饼喝，因芝麻酱盖在浮面保温，所以喝到碗底，还是又热又香。还有，卖面茶盛芝麻酱的，一律用紫铜锅，稍微垫斜了往外沾着撒。你要问他为什么都用紫铜锅垫斜了撒，他总说这是祖师爷的传授，至于他们祖师爷是何方神圣，他们也都是"莫宰羊"。

水爆肚。在北平没有真正饭馆卖水爆羊肚，更没有卖水爆牛百叶的。北平卖水爆肚的，都叫爆肚摊儿，全是天方教人，摊头竖着一方擦得精光瓦亮，上面刻着回文，另外有四个汉字"清真回回"的铜牌子。不但摊上桌椅板凳，洁净无尘，就是放作料的小碗，也让人瞧着干净痛快。作料都是现吃现调，羊肚儿也是现切水爆，手艺的好坏，就在此一汆：时候稍久，就老得嚼不烂，火候没到，可又咬不动。所以水爆肚完全吃的是火候，要老嫩适宜，恰到好处才行。北平东安市场润明楼前空地上"爆肚王"，那是最有名的啦。

北平小市民想喝两杯，讲究到大酒缸去喝，所谓大酒缸也就是小酒馆。三九天您要到大酒缸，一掀十来斤又厚又重的棉门帘子，就有一种陈年的酒香扑鼻而来，把您的酒瘾就勾起来了。在大酒缸喝酒有样好处，虽然他每天仅仅预备十来样荤素小菜，可是，您想吃点什么，他可以给您外叫，最低限度，门口外一个卖铛爆羊肉、熏鱼柜子、馄饨挑子，那是少不了的。您酒喝好了，十位就有八位叫碗馄饨来喝，任何地方都叫吃馄饨，只有北平大酒缸说来碗馄饨喝。大酒缸门口的馄饨，汤是猪骨头熬的，皮子是特别擀的，一个馄饨只抹上一点儿肉馅，可是作料除了酱油醋之外，紫菜、冬菜、虾米皮、胡椒面那是样样俱全。爱吃辣的加上几滴红辣油，稀里胡噜喝上一碗。北平土著有句土话叫"溜溜缝儿"，从大酒缸回家，大概家里的晚饭也用不着找补啦。

　　每年一立夏，北平什刹海的荷花市场，就开始营业了。凡是赶庙会的各行各业也都陆续前来赶场，除了在海边荷塘搭的水阁席棚，各有固定地盘，卖茶水卖冰碗儿凉果外，只有一个冯记苏造肉，每年只在什刹海荷花市场做一季买卖。造肉摊子上虽然摆着一个小插屏写着"冯记"，可是认识他的人都叫他"老嘎"。据说老嘎在光绪末年，跟御膳房高首领当过苏拉，学会了做苏造肉。御膳房有一本《玉食精诠》，各种膳食的做法分门别类，大约有上万种之多。这本书说俗了，也就是皇家食谱，历代帝王，均有增添，所以洋洋大观，集成二十多本。可惜宣统一出宫，这本书也没下落了，如果能够保存到现在，那比现在市面新出的什么食谱都要名贵呢。

老嘎的苏造肉，据他自己乱啼，说是乾隆皇帝下江南到苏州后，跟姑苏名庖学来的做法，让御膳房仿做的。不过他老人家不太喜欢菜太甜，所以冰糖的分量减了。做苏造肉最要紧的是选肉，一定要挑后腿肉偏点瘦的五花三层嫩肉。猪毛只能用镊子往外揪，不能刮，一刮毛根断在皮里，就没法子镊了。肉拾掇干净后，微炸出油，然后放上作料，文火去炖，大约一个时辰，肉就又酥又入味啦。

老嘎的苏造肉，每天以十五斤为限，多做他忙不过来。只要荷花市场一开业，他就在什刹海冰心小榭柳树底下摆上摊子啦，风雨无阻，真有冒雨打着伞到什刹海吃苏造肉的。等到秋蝉咽露，渐透嫩凉，荷花市场一结束，要吃老嘎的苏造肉，那要等明年荷花季儿再说吧。

在民国十三四年，北平忽然时兴了一阵子卖天津包子、坛子肉的。大街小巷都不时听见吆喝着卖。可也奇怪，老是两样一块儿卖，没有单卖天津包子的，也没有专卖坛子肉的。一个担子前头是坛子肉，后头是包子。要说他卖的天津包子，实在不敢恭维，包子是扁的，馅儿也不高明，可是所卖的坛子肉，真有几分，可以说是呱呱叫。肉是切得四四方方，油光水滑，吃到嘴里，腴润不腻，还微含糟香。从前北平名剧评家景孤血最喜欢请人在真光电影院对面二合居喝两盅，先让二合居在门口卖坛子肉的摊儿上买上一大碗，加两块嫩豆腐炖起来，酒是东三合的山东黄，再叫两个卤菜，用这份加豆腐的坛子肉配家常饼吃喝，既经济又实惠。清华大学名教授张忠绂给他起了个名叫"景家菜"，连带二合居门口卖坛子肉的也出名啦。不过很奇怪，北伐一成功，北平城里城外，再也听不见卖天津包子、坛子肉的市声了。究竟是什么缘故，几个老北平谁也猜不透是怎么档子事儿。

北平就着烧饼吃的油条种类甚多，不像现在台湾的炸油条，直不棱登尺半长一根。北平油条分长套环（脆麻花儿）、圆套环、糖饼儿、甜糖果子、薄脆、锅篦儿，种类繁多，甜咸焦脆，各尽其妙。可是在西四缸瓦市大酱房胡同口外，有一个卖油饼儿的，他独出心裁，把鸡蛋磕在油饼儿里一齐炸，吃老吃嫩悉凭尊意。每天一清早就有人排着队买灌蛋油饼儿的，其实这个手艺并不难学，可是灌蛋油饼始终是独家买卖。这要是在台湾，灌蛋油饼赚钱，管他做得好不好，你也做我也做，非大家一齐做垮啦才能罢手。

大概世界上尽多逐臭之夫，爱吃臭东西的，的确不在少数。欧美人不谈，就拿中国各省爱吃腐臭食物的人就很多，广东人、宁波人爱吃臭咸鱼，上海人爱吃炸臭干子，芜湖人爱吃咸臭干，北平人爱吃臭豆腐。提起臭豆腐，此地也有玻璃罐装的卖，但跟北平的臭豆腐一比，味道可就完全不一样了。

北平挑着圆笼下街卖的吃食，有二三十种，可是圆笼之小莫过于卖臭豆腐的圆笼了。您要是到圆笼铺买小圆笼，铺子里人一定问您是不是卖臭豆腐的那种圆笼，可见卖臭豆腐的圆笼是最小号的啦。卖臭豆腐虽然是个小生意，可是从前北平竞争得挺厉害，就如同卖刀剪的王麻子有"真的"，有"正的"，有"真正的"，到底谁真谁假简直闹不清楚；后来经过地方士绅品尝，大家认定宣武门外西草厂铁门有一家叫王致和的臭豆腐制品是"觜脃成方,着箸不粉,味正而纯,贮久不霉"。当时还没有什么工会这类组织,经各家同意就由王致和领导,遇事由王致和排难解纷。并请翰林出身的志伯愚将军写了一方"臭腐神奇"的匾额,挂在店里存证,才把卖臭豆腐的纠纷平息。

据前北平戏曲学校校长李永福说,有一天他陪高阳李石老经过铁门,看见王致和"臭腐神奇"匾额是父执志将军的墨宝,于是进去买了小罐回去品尝,哪知从此李永福成了李石老买臭豆腐专使,每月总要买个三两次。石老茹素多年,但不忌葱蒜。他说暑天烦渴,胃口不开,如果来碗芝麻酱拌面,不用三合油而用王致和豆腐卤就着大蒜瓣一吃,在他看,可算无上珍品。将来有机会回到北平,一定要打听王致和无恙否,如果还存在,一定要痛痛快快吃一顿臭豆腐芝麻酱拌面。言犹在耳,可是石老墓木已拱,不禁令人起了无限哀思。

从前北平人如果家里临时来了客人，要留人家吃饭，自己做措手不及，那有办法，到胡同口外猪肉铺叫个盒子，切面铺烙几张薄饼，问题就全解决啦。抗战之前，最便宜的盒子菜仅八毛钱，最贵的盒子菜也不过两块钱，反正价钱越高，切的东西越好越细，式样也越多。一个盒子最少是七样，最多是十五样，样式越多盒子越大，样式越少盒子就小啦。因为盒子大不好拿，都是让铺子里的小利巴（即学徒）往家里送。从前京剧里有出花旦跟小丑的玩笑剧叫"送盒子"，非常逗趣，引人发笑，可惜其中有几句双关语，被列为禁演戏。在台湾戏剧名家不少，笔者这么一提，大概都想起了这出戏吧。

台湾没见着的北平小吃

　　自从台湾光复，就拿冠盖云集的台北来说吧，在民国三十五六年，您走遍大街小巷，甭说来一笼小笼包，就是想吃一碗热乎乎的牛肉面都没得买。现在可好啦，黄河两岸、大江南北，珍馐海错，甚至零食小吃，只要是口袋麦克麦克①，真可以说随心所欲，要什么有什么。

　　长日无俚，几位好奇的老饕凑在一块，有位说："你在《中国吃》那本书里，把当年

————————

①　台湾当时的流行语，源自对洋泾浜英文 much much 的模拟。

101

北平的大小饭馆的拿手菜写得差不多了，你再把北平的零食小吃，现在台湾还买不到的，说几样出来解解馋。"随便想想居然也有一大堆，且听在下慢慢道来。

酸梅糕在北平也不是随时随地可以买得到的，每年夏天什刹海大席棚一卖茶，卖酸梅糕的刘老头才露面呢。刘老头虽然须发苍白，大家都叫他老头，其实他步履健爽，谈吐从容，一点不露老态。穿得衣履整洁，毛蓝布衫儿洗得都褪色泛白啦，可是穿在他身上，永远是平平整整的。据他自己说，当年，在大内饽饽房当差的，要是不干净整洁成吗？他的酸梅糕分大块、小块两种，都用油光纸垫底儿，放在纸板做的盒子里，外面糊着浅黄色暗纹纸，还贴着一小条朱盖白的红纸签儿，远看就像一本书。小块的每盒九块，大块的每盒只能放一块。他的酸梅糕纯粹是二贡（白糖的一种）、酸梅、桂花三种原料做的。

有的大户人家，小孩生病忌生冷，不能

喝酸梅汤，拿几块酸梅糕沏开水喝，或者拿一块在嘴里含含，也能止渴生津，暂时解馋。刘老头说他的手艺是从宫里饽饽房学的，倒不怎么样，刻酸梅糕的模子可是造办处名工巧匠雕刻的贵物。飞禽走兽、花鸟虫鱼都是一等一名手雕刻，意态生动，栩栩如生。尤其大块的模子，因为容易凑刀，什么万宝花篮、奇花异卉，纤细靡遗；三星拱照的衣纹，生动飞舞。他说的虽然有点夸大，可是那些模子刻的的确风采盎然，外头工匠没有那么工细的手艺倒是事实。

他另外还做一种冰糖子，糖有围棋子大小，鹅黄透明，甘沁凝脂，也是宫中传出来的做法。所以凡是逛荷花市场的人，总要买两盒带回去给小孩甜甜嘴。这一糕一糖，直到现在，台湾还没有人仿制。

果丹皮是酸里带甜的一种闲磕牙的零食。主要原料，是河北一带所产的山里红，色如渥丹，韧若牛皮，粗如油布，每一张有信笺大小，厚似铜钱。撕下一块含在嘴里，酸中有甜，甜里带酸。尤其是长途跋涉，走在塞北漠野，嘴里嚼块果丹皮，不但解渴生津，如果饭后觉得肠胃不适，膨闷饱胀，吃块果丹皮，准能消食化水。

据说果丹皮是元朝忽必烈远征欧洲，给将士们行军的时候消食止渴用的。是真是假，现在已经莫可究诘，不过当年在北平，想买张果丹皮吃，要到专门跑外馆①的山西屋子才有得卖呢。

北平买卖地儿，忌讳非常之多。您抱着小孩儿上街买东西，一进铺子，如果是个男孩，尽管往柜台上一放，铺子里从伙计到掌柜的，都是喜笑开来逗小孩。您抱的要是女孩，不管多大，可千万别往柜台上放，免得招人不高兴。在北平住久了，谁都知道这项规矩，没愣抱女娃儿往人家柜台上放的半吊

---

① 跑外馆，指与内蒙、外蒙地区做生意。

子。男孩子一坐柜台，尤其干果铺，干果糖豆简直吃之不尽。您就是抱着男孩到药铺抓药，小孩也有得吃，药铺有一种化痰止咳的药，叫梅苏丸，总要抓几粒给小孩吃。

梅苏丸大小跟现在流行润喉的华达丸差不多，只是一是绿的，一是白的。华达丸薄荷的辣味比较重，梅苏丸凉而不辣，冷香绕舌润嗓，甜不腻口，含在嘴里比较舒畅。北平名票蒋君稼、陈小田，两位唱青衣都是铁嗓钢喉，又脆又亮。可是每位身上总揣着一只扁扁银制的槟榔盒，里头既没有槟榔，也没有素砂豆蔻，里头都放的是梅苏丸。富连成喜字辈的张喜海生前说过，在台湾只要一进中药店，就想起梅苏丸。上海式的中药店固然没有，您就是到地地道道的北平同仁堂，也没有梅苏丸供应呢。

台湾南部盛产槟榔，所以从台中往南各县市，大街小巷总能找到一两处卖槟榔摊子。台湾槟榔颗粒不大，都是生吃，将槟榔一剖二或是一剖四，中间夹上甘草蛤粉药料，紫褐褐活像京剧徐彦旭的脸谱。外面再用碧绿的秋叶一卷，就可以大嚼而特嚼了。

当年陈冠灵局长在世的时候，有一天晚上大家在斗六逛夜市，看见一个槟榔摊子，他为好奇心驱使，买了一粒，放在嘴里猛嚼，走没几步，情形不对啦，立刻头晕脑涨，脸上发红，手出冷汗，好像酒醉一样。敢情没吃过这种鲜槟榔的人，吃得太猛，也能醉人的。有了这次经验，在下对于这种生槟榔虽有一试之心，可是始终提不起雄心勇气啦。可是每当醉饱之余，就不禁想起当年在大陆吃槟榔的滋味了。

当年在大陆以士大夫自居者，以及烟酒不沾的理门①朋友，都带有一只槟榔豆蔻的

① 即在理教，创立于清朝初期，主张"奉佛教之法，习儒教之礼，修道教之行，融合三教为一体"，入教需戒烟酒、贪嗔、妄语、忤逆；鸦片传入后，逐渐发展为一个自觉抵制鸦片、烟酒的组织，在民间有很大影响。

荷包。饭后掏出来，吃块槟榔，嚼几粒豆蔻，消食化水，祛除恶味，其效果真不输于强胃散一类健胃整肠的药类呢。

在北平买槟榔、豆蔻要到烟儿铺去买，可是跟台湾不一样，都是晒干的。不过槟榔分大口、小口两种，味道分咸淡两样，性质又有焦硬不同。所谓"大口"是用小铡刀一切四，"小口"是一切八；"咸的"是用盐水泡过，上面有一层盐霜，"淡的"就是未经加工的干槟榔。上了年纪的老人，牙口已差，嚼不动一般槟榔，那您可以买经火焙过的焦炒槟榔，酥中带脆，牙口好的那就买点硬头货来磨磨牙吧。

有一种叫"枣儿槟榔"的，又叫"马牙槟榔"，体型比一般槟榔细长，听说这种槟榔产在两广一带，物稀为贵，在北平只有南北裕丰一类大烟儿铺才有得买，价钱也比一般槟榔贵得多。枣儿槟榔不是买回来就能吃，必须自己加工，把槟榔放在带盖的小瓷盅里，用上等花蜜跟冰糖煨上，用文火慢慢来蒸，蒸上三五小时，糖蜜都渗透了本质，槟榔变成软中带韧，颜色是柔曼殷红。饭后拿一块含在嘴里咀嚼，甜中有涩，微透甘香，那跟西洋人饭后进点甜食，有异曲同工之妙，甚或尤有过之。

牙齿掉光了的老人家，就连焦槟榔也没法吃了，可是也有办法，您可以到烟儿铺买几两槟榔面儿吃。槟榔面儿也分咸淡两种，可是差不多都买淡的。有钱的人家买回去屡鹿茸末儿，有人兑人参粉，也有人把甘草枸杞都磨成粉加到槟榔面儿里吃的。所以豪门巨族，炕桌上摆满了各式各样瓶瓶罐罐的，不是砂仁豆蔻，就是各种各样的槟榔。台湾也出产槟榔，大家也有吃槟榔的习惯，可是性质情调两者不大相同啦。

早年大家虽然知道给小孩早点种牛痘，可以免出天花。可是小孩出水痘，还是免不了的。水痘虽然危险性小，可也能出得满身都是，鼓浆、定痂、脱痂，弄不好一样会留下一两个浅白麻子。小孩到掉痂的时候，照例姥姥家要来给起病，按老规矩要先到点心铺买一匣鼓痾儿带去。

点心叫"鼓痾儿"已经很稀奇，它的作用就更古怪，鼓痾儿有元宵大小，九个连在一起，上锐下丰，像座金字塔，入口之后松脆不靡，酥融欲化。因为是吊炉烘烤，又是给病后虚弱小孩吃的，所以油分小，爽而不腻，形状象征水痘的痂疤，据说小孩吃了，痂儿不但掉得顺利，而且不留疤痕，不掉头发，不迎风流泪。因此姥姥总要买匣鼓痾儿来点缀点缀。

在下有一年在台北南海路一家烧饼店喝豆浆，恰巧遇见了齐如老，一边吃喝一边就聊上啦。他说一喝豆浆，就想起平津卖的糖皮儿、锅鼻儿来了。我说我只想来碗不放糖的清浆，掰上两个鼓痾儿浆在浆里吃。如老说："你不提，我把'鼓痾儿'这个名词早就忘在脖子后头啦，大概自从七七事变起，饽饽铺就停炉不做了。"现在甭说吃，就连鼓痂儿是什么样，知道的恐怕也不多啦。

有一次在真北平吃炒肝，因为是个刮西北风的中午，座儿上的人也不多，跑堂儿的老尤闲着没事，可就吹上啦。他说当年北平饭馆所有的菜码，真北平是一应俱全，客人点菜绝要不短。在下觉得他的话，说得太敝（夸大过分）了。我说那么你给我份饹馇吧，清炸撒椒盐也可，焦熘加里脊丝也成。这下老尤可傻了眼啦。现在，大陆各省的吃食，像不像三分样，大概都有人学着做了，只是饹馇一项，直到如今，还没有哪一家北方馆儿有卖呢。北平吃食，台湾吃不着的越想越多，真是一时说之不尽，写之不完。等有工夫，再写点出来，大家一同解馋吧。

就是没有鸡丝拉皮

李翰祥先生在他所写《三十年细说从头》长篇连载里，有一段小利巴说："就是没有鸡丝拉皮。"这使我蓦然想起了当年学生时期吃鸡丝拉皮的滋味。当年在北平，鸡丝拉皮是一道极普通的凉拌菜，可是在台湾从北到南，像样的北方馆少说也有二三十家，可从来就没吃过合乎标准的鸡丝拉皮。

记得昔年在北平读书时期，学校距离东安市场不远，因此每天这顿中饭，总是同学相约，一块儿到东安市场润明楼去吃，逢到周末月尾总要打一两次平伙。学生的伙食费有限，不外添个炒木须肉，或是抓炒里脊，赶上黄花鱼季来条煎簪黄花鱼而已。至于鸡丝拉皮，这是大家最欢迎的一道凉菜，所以每次打牙祭总少不了鸡丝拉皮。润明楼在北平顶多被列为中等饭馆，可是他家的鸡丝拉皮，在所有山东饭馆里，可得算数一数二。北平够得上叫字号的山东馆都是自己做粉皮，滑润细嫩，晶莹透明，要是关照跑堂儿的粉皮要削薄剁窄，挑一箸子一秃噜而下，真是充肠适口，沁人心脾。我们因为长年照顾润明楼，算是老主顾了，堂口、柜上、灶上都熟，所以一叫鸡丝拉皮，不但鸡丝作料老尺加二，粉皮更是双上，让大家吃个痛快。

后来离开学校，时常有应酬，发现东兴楼的鸡丝拉皮比润明楼还要高明。粉皮是自己做的，自然不必说啦，连芥末鸡丝都有讲究：芥末必定现烤现和，冲劲才能恰到好处；鸡丝是丝丝连皮活肉，不掺发紫的胸脯与白肉，所以入口之后没有木木渣渣的感觉。可是东兴楼卖鸡丝拉皮的价钱，比润明楼的高出一倍还要拐弯儿呢!

北平人吃素菜,讲究到尼姑庙三圣庵去吃。庵里的素拉皮也是非常出名的,不但粉皮是自己做的,就连小磨麻油、青酱、高醋也都是庙里磨研酿造的。出家人不近葱蒜辛辣,说是有混浊之气,天人就不来说法了,所以芥末也在禁用之列。她们拌拉皮用焦炸面筋末,先把面筋喂好作料,用滚油炸焦压碎,用来拌粉皮,香脆温润兼而有之,可算素菜中隽品,也算拉皮里的别格。

前两天偶然遇见一位当年同在润明楼吃鸡丝拉皮的老同学,他说:"来到台湾二三十年,从台北到高雄,就没吃过一次满意的鸡丝拉皮。"我告诉他此间所有北方饭馆,所用的粉皮都是拿干粉皮泡的,因为泡得不均匀,时间拿不准,以致软硬不一,厚薄各异,能用筷子挑起来已经不容易了,你想要削薄剁窄的粉皮,那就更办不到啦!

在台湾吃拌粉皮,只有锅里拌,名为

"拌"，实际近乎炒了。先把韭黄肉丝炒好，把泡好的干粉皮下锅同炒，尽管粉皮有的地方泡不透，可是下锅一炒，也就滑软划一了，虽然粉皮宽窄不一，但是大致还不离谱，总能慰情聊胜于无吧！

北平人三大主食： 饺子、面条和烙饼

　　自从元朝在北平建都，经过明清两朝，一直到民国初年，六百多年的皇皇帝都，人文萃集，在饮馔方面，真是称得上膳馐酒醴，盛食珍味，集全国之大成。可是如果有位外省人初履斯土，跟北平人打听哪一家是地道北平饭馆，就是北平老古典儿也没法指明，说不出来呢！

　　北平人大都有俭朴的习惯，在饮食方面但求适口充肠，每天能有白米白面吃着，也就心满意足啦。真要想换换口味解解馋，山南海北哪一省的饭馆都有，也就不计较哪家是真正北平口味的饭馆了。

以中国各省同胞口味来区分，南甜北咸、东辣西酸，大致是不差的。南方人以大米为主食，如果三餐没吃米饭，上顿下顿都吃面食，就会觉得胃纳不充实，好像没吃饱似的。北方人一直是拿面食杂粮当主食的，要是顿顿都是白米饭，那就整天有气无力，恨不得来张烙饼，啃个馒头，才像正餐，把肚子填饱啦。

北平人既然把面食当主食，自然在面食方面就要不断地变变花样了。虽然北平面食种类赶不上山西巧手能做出六七十种之多，可是除了面食做的点心之外，平常能充主食的也有十来样之多。先说饺子吧，北方人有句俗话是："舒服不过躺着，好吃不过饺子。"吃犒劳是饺子，逢年过节也吃饺子（北平在旗的管饺子又叫"煮饽饽"），要说谁脸上没笑容，就说他"见煮饽饽都不乐"。由此可知，饺子在男女老少心目中是什么分量。

北平人吃饺子讲究自己和面，自己擀皮

或压皮，好手压皮五个剂儿能一块儿压，压出来的饺子皮，不但滴溜滚圆，而且厚薄非常匀称。现在机器压皮外软内硬，滑而不润，煮出来膨胀了三分之一，吃到嘴里怪不得劲的，简直有上下床之别。饺子馅有生熟之分，荤素之别。饺子好吃不好吃，饺子皮的厚薄软硬固然居于首要，可是饺子的滋味怎样，那就要看拌馅炒馅的手段高低了。

一般人多一半喜欢吃生馅，现拌现包，喜欢吃熟馅儿的并不太多。大致说来熟馅只有三鲜、虾仁、冬笋、肉末儿三数种而已（现在超级市场所卖冰冻鱼饺是山东水饺，当年北平很少见）。拿生馅来说吧，肉类以猪、牛、羊为主，至于菜蔬，除黄瓜以外，几乎差不多的菜蔬，都可以做馅儿，甚至于萝卜缨、掐菜① 须都有人拿来做饺子馅，这是外地人想不到的事。虽然说饺子馅是包罗万有，

---

① 指掐头去尾的绿豆芽。

可是北平人讲究凡事有格、有谱，不能随便乱来的。譬如说吃牛肉馅一定要配大葱，羊肉馅喜欢配冬瓜、葫芦，虾仁配韭菜，如果乱了套，不但失了格，而且准定不好吃。饺子包的方法也有两种：一种是捏，一种是挤，捏的慢挤的快，所以家庭吃饺子讲究点的多半是捏，既好看又好吃。饺子馆因为应付众多顾客，来不及捏，只好挤了。匆匆忙忙挤出来的饺子当然不太受看，而且厚薄不匀，可是挤出来的饺子大锅宽汤一下百八十个都没关系，不会破烂。捏的饺子可就不同啦，要注意一锅不能下得太多，而且要看情形点上一两次水才能起锅呢！

吃饺子一定要蘸醋才够味，在大陆吃饺子以山西米醋、镇江香醋为上选，若是不避葱蒜的人，用独流醋加蒜瓣泡腊八醋蘸饺子吃，醪香浩露，那就更美了。自从来到台湾，有些饺子馆，好像是一个师傅传授的，蘸饺子都是用化学白醋加凉水，碰巧了醋多水少真能把人酸得头上冒汗珠。百不一见，发现桌上放着一瓶黑醋，等吃到嘴里才发现是工研香醋，异香异气近乎辣酱油，比化学醋掺凉水更让人没法受用。可能是醋的味道不太对劲儿，于是有些饺子馆为了讨好顾客，不管馅儿咸淡，另外堂敬高酱油一碟浇上些小磨香油。别的省份同胞觉得怎样我不敢说，可是北平人就觉得那是糖葫芦蘸卤虾——胡吃二百八啦。

　　说到吃面条，北平人最初不太喜欢吃机器切面，爱吃抻条面（又叫"把儿条"）。有人说机器切的面煮出来没有什么面香味儿，所以爱吃抻条。抻把儿条要先把面沾碱水溜开了再抻，那非有把子蛮力才能甩得起来。家庭妇女所做抻条，多半是先擀成面片，然后切条再甩起来抻，据说非这样连甩带抻面香才能出得来，否则跟机器切面就没什么差别了。北平人对面条最普通的家常吃法是热汤面，也就是山东所谓"炝锅面"，把所有的材料作料宽汤大滚，然后下入面条大煮，这跟苏北的清汤鸡火面，浇头、汤水、面条，各不相伴，就大不相同了。热汤面的好处是翻汤，所有汤里的鲜味就全都掺入面条里去了，所以北平人吃热汤面并不需要三盘五碗的，只要有一碟大头菜，拍一盘小黄瓜来就着热汤面条吃，已然其味怡然自适了。

炸酱面也是北平人日常的一种吃法，分"过水""不过水"两种。"过水"是把面煮熟挑在水盆里，用冷或热水冲一下再盛在碗里拌炸酱，面条湿润滑溜，比较容易拌得匀。"不过水"是从锅里直接往碗里挑，加上酱虽然不好拌，可是醇厚腴香，才能领会到炸酱面的真味。抗战胜利之后，各处北方小馆差不多所卖炸酱面，肉丁或肉末之外，愣加上若干豆腐干切丁，不但夺去原味，而且滞涩碍口，甚至还加辣椒，这种炸酱面，吃到嘴里甭提有多别扭啦。

北平人每逢家里有点喜庆事，面菜席就

要酱卤两吃了。卤分"氽儿卤""混卤"两种。"氽儿卤"比较简单，先用鸡汤或猪牛羊肉熬出汤，再讲究点，也有用口蘑吊汤的，然后把鸡蛋切小丁，加海米、肉丁、黄花、木耳、鹿角菜、冬菇、口蘑，就是所谓氽儿卤了。"混卤"除了以上材料之外，鸡蛋不炒不切丁，等勾芡的时候，把鸡蛋甩在卤上，另外用小铁勺放上油，把花椒在火上炸黑趁热往卤上一浇，那就是混卤，台湾所谓的"大鲁面"啦。如果加上茄子就叫茄子卤，加上鸡片、海参、火腿就叫三鲜卤。

说起烙饼，花样也不少，以用具说分"支炉烙""铛烙"两种。提起"支炉"，也是北平一种特产，出在京西斋堂。北平人熬粥用砂锅（京剧里有一出玩笑戏叫《打砂锅》，俏皮人话说起来没完，卖砂锅的儿子论套），煎药用薄砂吊儿，烙饼用支炉，都是小贩在斋堂趸到北平来卖的。支炉像一只圆锅，圆径大约一尺三四，翻过来正好扣在煤球炉子上，上面全是窟窿眼，火苗子就刚刚蹿进洞眼，所以烙出来的饼有一个一个小焦点。这种饼香脆松焦，因为用油极少，爽而不腻。虽然北方人爱吃支炉烙饼，可是南方朋友多半嫌它干硬滞喉。此外家常饼、薄饼、葱油饼、一窝丝发面饼，在台湾现在只要是北方饭馆，大概都会做，而且做得都不错。

另外有两种饼叫葱花饼、芝麻酱糖饼，在大陆差不多的人家都会做，可是总也比不上蒸锅铺烙得好吃。蒸锅铺又叫切面铺，除了卖各种粗细宽窄面条之外，同时卖花卷大小馒头。这种铺子早年以卖蒸食为主，北平住家办丧事放焰口，和尚用的护食①也由蒸锅铺承应，所以又叫蒸锅铺，后来加上卖切面，才叫切面铺。他们烙的葱花饼跟现在饭馆烙的葱油饼不同之处，是松而不焦，润而不腻，有菜吃也好，没菜吃也妙。另一种芝

---

① 即法食，大小形状不同、点上红绿颜色的小馒头。

麻酱糖饼松美柔醲，蜜渍香甜，我想凡是现在台湾北平老乡回想蒸锅铺葱花饼、芝麻酱糖饼是什么滋味，大概都不禁有点莼菜鲈鱼之思吧！

北平人经常吃的主食以上列三种最普通。至于其他面食做法花样还有很多，有的兼代主食，有的是纯粹点心，等有机会再一一介绍吧！

北平的饽饽铺

　　民俗专家金受申常说："北平最老的店铺，可能要算饽饽铺啦。元朝入主中原，在燕蓟一带建立大都，依照蒙古习俗，郊天、祭神、岁时，都得用牛油做的饽饽奉祭祀。建都伊始，一切草创难周，宫廷尚未设置御膳房，于是这种祭祀的饽饽，一律交由点心铺承制。后来内外蒙古人民大量南移，食之者众，饽饽铺乃变成最赚钱的生意啦。"

　　北平是革命军北伐成功之后才开征所得税的。筹备期间，第一步先要弄清楚铺户的资本额，才能据以勘定课征标准。稽征人员翻开陈年老账，发现最老的一家商店，是东城灯市口一家点心铺，叫合芳楼，在元朝建都之初，他家就开张了。其次东四牌楼的万春堂药铺、西四牌楼的酒馆柳泉居也都是元朝至正年间开的老买卖。至于大家认为最古老的二荤铺隆福寺街的灶温，以及小木作驰誉中外的样式雷家始祖雷发达，反而都是明朝万历年间才开设的呢。

合芳楼有九间门面，丹楹碧牖，彩绘涂金，闪烁夺目，建筑设计淡丽高古。庚子年间，八国联军进据北平，发现合芳楼古色古香，所有外国人都喜欢在该处拍照，所以后来凡是到北平游览的观光客，都要对着它拍摄几张照片，以资留念。

本来饽饽铺只做牛油咸饽饽，专供皇家民间祭祖之用，所用桌子跟大八仙一般大小，可是腿短而粗，质料厚重。丧礼用的则剔金涂银，色尚玄黑，祭祖用的则丹漆藻丽宝相花纹，盛饽饽的高脚铜盘镂空雕错，文采端庄。饽饽桌子分三、五、七、九四种，每层又分二百块、三百五十块两类。这种饽饽用纯牛油烙制，放在供桌上五六十天绝不起霉皱裂（当年尚未发明防腐剂，何以放在明处两月之久能不霉变，令人不解）。

到了民国初年，民间遇到亲友家有老丧，为示隆重，也有人送饽饽桌子当祭席的。送祭席在灵前一供即撤走，饽饽桌子可以供在灵前若干天不撤去。不过后来有人觉得纯牛油饽饽有股子膻味，撤下来就要抛弃未免靡费不切实际，于是跟饽饽铺商量改用花糕。北平人向来有个不时不食的习惯，花糕要到了九月初一才应市，不过您到饽饽铺订饽饽桌子，说明是饽饽桌子用的花糕，他们会欣然开炉制作的。

据说饽饽铺到了明朝中叶，蒙古人又都北走蒙疆，就是留下来的也都汉化，专卖牛油饽饽吃之者少，买卖实在难以维持，才添制各种点心出售。初时以大八件，中、小八件为主，后来又添上卷酥、桃酥、杏仁酥、棋子酥、鸡油饼、状元饼、椒盐饼、菊花饼、芝麻饼、玫瑰饼、藤萝饼、火腿饼、喜字饼、福寿饼、花糕、油糕、槽子糕、芙蓉糕、喇嘛糕等。

到了清朝定鼎中原，北平的饽饽敬神祭祖，除了把元朝的饽饽桌子加以改良，改称点子外，又添上满洲点心萨其马、小炸食、勒特条、枣泥瓢、中果条、带冰糖渣儿的脆麻花、毛边和不毛边的缸烙、甜咸排叉、光头饽饽，等等。应时当令的有各式元宵、中秋月饼、重阳花糕，过年敬神祭灶论堂的蜜供。尽管饽饽铺有一百多种点心，可是他们仍保有古朴作风，只在门口挂上几串木质拴小铃铛的幌子。您进到店堂，什么点心也不陈列出来，全都分门别类放在柜台里面红漆大躺箱里。顾客到饽饽铺指名要什么点心，他给你拿什么点心，柜台内外绝对没有陈列点心样品的橱柜，传说是塞外遗风。漠北风沙大，如果放在外面沾上沙土，就没法吃了。

所以南方朋友初次到北平，回乡馈赠亲友，都喜欢买点京都细点，可是饽饽铺点心名堂太多，只好买点儿京八件装行匣带回去。所谓"行匣"，就是极粗木材做的、带盖能拉的木匣子，涂上点儿红土子而已。后来稍加改良，换了薄马口铁，涂上粗俗色彩，画上几朵劣花。南方朋友看了觉得皇皇帝都，细点装潢，如此土里土气，实在太可笑了，殊不知这也是元人流传下来的漠北遗风呢！后来有人把点心做成木头模型一串串挂在店门口，算是以广招徕。可是进饽饽铺买点心，谁会注意到毫不起眼的木头幌子呢！

饽饽铺里有三种比较特别的地方。第一是柜台外面的左右墙壁，画的都是骑骆驼行围射猎，或是在蒙古包里吃烤肉喝奶茶的塞上风光。第二是放点心的大躺箱，据说最初饽饽铺用的箱子，外头都包着一层带毛的牦牛皮，点心放在箱里可以防潮经久，不过到了清朝中叶满汉点心增多，大躺箱也不罩牛皮了。第三是做点心用的烤炉，用铁链子吊在房梁上垂下来，虽然用的也是木材炭火，可是架构另有技巧，升温散热都快。微火闷炉烤出来的糕饼特别酥松适口。他们利用炉火余烬，做出一种闷炉火烧，就着大腌萝卜吃，别有一种风味。这是他们自己的吃食，向不外卖，除非跟柜上有交情，否则这种美味，是不易吃到的。

元朝的饽饽以牛油为主，到了明朝点心式样增多，因为猪油容易起酥，大部分改用猪油。到了清朝，除了满洲点心仍用奶油制作外，一般点心也全改用猪油了。

北平的饽饽铺是卖猪油的大主顾，饽饽铺做点心必定要用陈年猪油，除了现做现卖的小点心铺使用当年猪油外，一般饽饽铺都是用五年以上的。陈油有二三十年的，陈油烘烙的点心，有香味而无腥气，用有光纸包起来，三五个月纸上不显油迹。据本行人说："五年以上陈油做的点心，冬天能放半年，夏天也能搁上两个月不坏。饽饽铺的月饼，价码要比一般点心加一成，就是因为无论自来红、自来白、提浆、酥皮、到口酥、蛋黄酥月饼，都得用猪油做，除非指明要素月饼，那才是小磨香油做的呢。照北方习俗，中秋节又叫团圆节，供月的月饼必须全家人都要吃得到，如果有出外经商求学的人，要用瓷罐子藏起来一些，留到他回家再吃。有些人过旧历年才回家，那就要留上四个多月了，所以非用陈油不可。"这些话以我个人经验，绝非夸大之词。

舍下北平寓所有一个跨院，院里一边一架藤萝，春末夏初，矫夭虬绕，满院凝绿，都是百年古木。据说藤萝越老，着花越早，每年丁香花柔葩待放，舍间的藤萝早已狂蜂戏蕊，翠虬垂紫，灿烂盈枝。应时细点讲究抢先，西四牌楼有一老饽饽铺叫兰英斋，老早就盯上我家的藤萝花。等藤萝花能摘的时候，就来磨烦了，总要摘个百把斤才走，有时还要来摘个两回。有一次我到他柜上拿火腿去定做火腿饼，柜上为了表示好感，又另外给我包了二十个新出炉酥皮藤萝饼，说是柜上用三十年陈猪油烙的，结果放在瓷罐子里，足足过了大半年再吃，真是没发霉没走油。可见陈猪油做的点心，可以经久，是一点儿也不假的。

卖猪油的作坊，大半都是汤锅的副业。汤锅铺集中在东四牌楼神路街多福巷一带，都是山东老乡。他们把猪油熬好，倒在陶土挂釉的大坛里，做上年月记号，就窖藏起来。有的院内宽敞，就在院里搭起大敞棚，一缸一缸地埋起来了，只露缸口密封，放若干年都不会坏。油越陈价钱越高，至于用什么法子可以让油经久不坏，那是一行有一行的秘密，他们就不肯说啦。

满洲点心的特色是不用猪油、牛油，而用奶油，饽饽铺所做的真正满洲点心，自然是天郊庙祭的饽饽桌子了。所谓"饽饽桌子"，桌子算是祭器，跟元朝的大致相同，金漆镂绿，丹膜交错，分外讲究。御赐的饽饽桌子，一层一层地堆起来，要有二十一层。饽饽铺的师傅们，没有那么高明手艺，只好改由大内饽饽房的师傅们承制。至于后来民间丧祭，也时兴用饽饽桌子当祭礼，饽饽铺可以做到十一层。所以民间吊祭送十一层的，算是最高极限了。

萨其马、小炸食、勒特条、火纸筒都是满洲点心中比较特殊的。先拿萨其马来说吧，真正萨其马有一种馨逸的乳香，黏不粘牙，软不散碎，可以掰开往嘴里送，不像台湾市面卖的巨型广式萨其马，又大又厚，拿在手里，好像猴儿吃麻核桃，有不知道从哪里下嘴的感觉。有一种油炸硬邦邦的，吃的时候一不小心，能把胸膛蹭破。

小炸食是清代祭堂子的主要克食，有小馒头、小排叉、小蚌壳、螺壳、小花鼓，大概不同种类有十多种，都只有拇指大小，完全用手工捏成，油足工细，是满洲高级甜点。据说每种式样，各有不同说词，不过饽饽铺的人，已经说不上它的来龙去脉了。

勒特条是满洲人打猎时携带的一种干粮，形状像四方竹筷子一般粗细，只有筷子一半长，用奶油蜂蜜和面，压得瓷实，不脆不碎，顺在箭壶夹层，或是揣在怀里，既不占地方，又不妨碍操作。止饥生津，其功效跟美军战时吃的浓缩干粮效果一样。到了民国，进饽饽铺买勒特条的，只有在旗的人士，一般年纪轻点儿的，不但没见过，恐怕连听都没听说过呢！

台湾现在流行的鸡蛋卷，北平饽饽铺也有得卖（北平叫"火纸筒"），分粗细两种。粗的比拇指还粗，细的只有筷子那么细，都用奶油烘制，酥脆香松。据说元朝人大病初愈，用奶茶吃，既可滋补，又能强身。后来因为饽饽铺的包装不理想，买回家全都碰碎，销路自然而然地日渐萎缩了。

缸炉也是北平饽饽铺的特产，分毛边、不毛边两种。北平早年习俗，遇上亲友家有嫁娶，做寿的份子比较轻；要谁家遭上白事，送份子就比喜寿事重了；至于谁家生小孩洗三、坐月子到弥月，似乎比送白事份子更重了一些。送人添丁，彼此有深好交情，自然要金玉锁片、镯子、八仙人儿一类首饰；探望产妇也不外鸡蛋、小米、红糖、挂面，还有一样必不可少的就是缸炉。据说产妇吃了缸炉，身体可以早点儿复元，不掉头发。饽饽铺恐怕贫寒人家花费太大，于是所做缸炉分毛边、不毛边两种式样。其实两种火候分毫不差，无非是给手头紧的人打个小算盘而已。现在商场上整天喊商业道德，比较一下当年饽饽铺的做法，能不惭愧吗？

蜜供，北平过年，蜜供也是必不可少的点缀。大致是天地桌、佛前供、灶王供。除了灶王供是三座外，其余都是五座，而且天地桌佛前供要是太矮小了，也显着寒碜。过年处处要花钱，这几堂蜜供，一口气拿若干的钱，也实在不菲。饽饽铺为了招徕顾客，于是发明上蜜供会分期付款。年初设立和折，按月派人到府收取会款。过了祭灶，整堂蜜供饽饽铺就派人挑送到家了。不管物价怎样涨，上会的蜜供，绝不抽条短秤，所以北平人无论贫富都喜欢上蜜供会，到了过年，就不愁没有蜜供敬天礼佛啦。

鼓疯也是一种饽饽铺卖的点心，不甜而微咸，只有两层皮，鼓鼓的上面，沾满了白芝麻。蒙古人最怕小孩出天花水痘，遇上这种征候，当时简直束手无策。能够留下满脸大麻子，逃过鬼门关，已经是十分万幸了。生病的小孩，到了浆干痂落的时候，至亲好友前去探望，总是到饽饽铺买点儿鼓疯带去，说是起病。这种点心到了民国十年前后，因为鲜为人知，饽饽铺也就停炉不做了，再过几年，这个名词也自然趋于消失了。

饽饽铺的点心分手工货、模子货两种，

像各式月饼、各种酥饼都属于模子货。例如萨其马、勒特条，以及正月应时的元宵，都是手工货。大陆跟台湾，不分南北都吃元宵，不过同样是元宵，在北方，正月家家饽饽铺都有元宵卖，正月一过，想吃元宵要等来年了；大陆南方跟台湾一样，立冬、冬至、上元灯节都可以吃元宵，而且都是用手包的，甜咸皆备，比北平用簸箩摇的甜元宵要高明多啦。元宵南方有的地方叫汤团，冀鲁豫各省都叫元宵。

袁项城由大总统窃居帝位，改元洪宪的时候，他的宠臣杨度、雷震春等人为逢迎主上，下令北平各饽饽铺一律改叫汤团（因为"元宵"谐音"袁消"视为不吉）。各饽饽铺在枪杆淫威之下，哪家不是凛遵勿违。偏偏前门大街卖元宵最有名的正明斋，过年时把历年竖立在门口各种细馅元宵广告牌挂出来。因为年年如此，忘记把"元宵"字样改为"汤团"，被警宪机关发现，借词故违政令，罚了大洋一百元整。等洪宪命终，恢复共和，过年时正明斋在门前不但搭了一座彩牌楼，还用小电灯泡攒成"各式元宵"四个大字，以资泄愤，才出了这口怨气。

　　抗战胜利，笔者奉命于役东北，往北票参加沉泥掘窟工作。矿区被俄兵破坏得支离破碎，复旧工作异常棘手，员工伙食虽然整天鸡鸭鱼肉，可是割烹恶劣，而且肮脏到不能下箸的程度。笔者知道北票荒寒，又在劫后，伙食一定很差，于是在北平饽饽铺买了五六斤萨其马，五六斤勒特条，装了两饼干筒带到北票，以备不时之需。中午在办公室的一餐是锦州苹果、萨其马，晚餐是自己动手炒鸡蛋夹烧饼，好在一个月出差平津一次，总要到饽饽铺买个二三十斤点心带到东北去。后来饽饽铺可以用行匣寄递，北票煤矿一月很照顾兰英、毓美两家各二三百斤，想不到我反而变成饽饽铺大主顾了。

　　我来台湾是在民国三十四年初夏，恐台湾饮食不合口味，于是也带了两大罐北平饽

137

饽铺的各式甜点心，权当补充食粮。彼时台北除了有个绿园是福州饭馆外，其他各省口味的饭馆一个也没有，小酌大宴都在蓬莱阁、大中华、上林花、小春园几处酒家。因为酒家去的次数多了，凡是有点儿名气的酒女，都还熟识。家母舅喜欢逢场作戏，在每处酒家都收了几个干女儿。那时笔者跟家母舅同住一日式庭园巨宅，有一天酒家公休，一些相熟的酒女一起哄，准备到我们寓所玩一整天。我借词要写一个计划，躲到图书馆去看书。等到傍晚回家，虽然客去人散，可是我那两大罐子北平细点，被那些初尝美味的酒小姐们吃得一干二净。我断了补充干粮，而酒小姐们吃了萨其马始终念念不忘，以后见面愣是管我叫萨其马，一直到一九五一年左右，偶或到酒家吃饭，还有人叫我萨其马呢！

看了朱君毅写的《大陆去来》，缅怀以往，把所知北平饽饽铺的点滴写出来，以示怀念。

北平的早点

现在大家一说吃早点，不管是本省同胞，或者是从大陆来台的年轻朋友们，都异口同声说"北平的早点，还不就是烧饼油条豆浆而已"。其实细讲起来，北平人早晨的烧饼油条，根本不跟豆浆一块吃。真正北平人，管油条叫"果子"，压根就不叫油条。清早起来到豆腐房来碗清浆，再来块豆腐，或者撕块饼就着吃，那是天津卫老哥们儿的吃法，什么甜浆咸浆，满没听提。至于后来甜浆打个蛋，咸浆加辣油，外带冬菜虾米皮，最后还加上点肉松，那大概是南方吃法，当初北平还不时兴这样吃法呢。

说到早点的烧饼，分为马蹄、驴蹄、吊炉、发面小火烧四种。马蹄约莫有马的蹄子大小，面上粘着芝麻，面少而薄，夹上脆果子吃。北平的油条，是两股一拧，炸成长圆形，跟现在台湾擎天一柱的油条，完全两样。驴蹄比马蹄略微小点，可是厚多了，面上除了芝麻，还要抹一道甜浆。因为厚瓤，什么也不能夹。要就着糖皮儿、锅鼻儿，或者是甜果子一块儿吃。锅鼻儿四四方方，五寸见方，薄而且脆。糖皮儿是圆而微带甜味的油饼儿。至于甜果子，好像油炸的豆腐泡儿，四个连在一块，不但台湾没见过有人炸，就是胜利后的北平，这份手艺也不多见了。

　　吊炉烧饼，是要夹肉，或是夹菜吃的。北平有一种清酱肉，似火腿而非火腿，北平的盒子铺（北平专卖酱卤烧熏鱼肉类的铺子）都有得卖。最出名的是八面槽宝华斋清酱肉，用来夹吊炉吃，那比此地饭馆的火腿面包，要爽口多了。到了夏季用黄豆芽炒点雪里蕻夹吊炉当早点，也是茹素人的珍品。至于发面火烧，要夹小套环吃，又酥又脆。不过在北平东北城粥铺附近，街头巷尾，一清早随处可卖小火烧小套环的；可是一到西南城，想找这种吃食，就不容易了，您说怪不怪。

北平人吃烧饼果子，要喝点儿稀的，主要是喝粳米粥。卖这种粥的有粥铺，也有挑着粥锅下街的。这种粥，仿佛跟广东的煲粥近似，虽然粥里的米粒，粒粒分明，可是都接近溶化程度。据说粳米粥，必定要用马粪当燃料，煮出的粥有一股子熏燎子味。可是喜爱喝粳米粥的主儿，就爱的是那股味儿呢。

粥铺从前还卖一种叫甜酱粥，价钱比粳米粥贵，北平人生活俭朴，到了民国二十几年，甜酱粥就成了历史名词，想喝也没处喝了。

还有一种配烧饼果子吃的叫面茶，也是挑担子下街。面茶大概是秫米一类熬成糊状，既不甜也不咸。一碗盛好，用两根筷子，把他特制的芝麻酱，以特殊手法撒在面上，最后撒花椒盐，冬天拿来就烧饼，吃到碗底，都是又香又热。想吃点儿甜的，那就喝杏仁茶。北平的杏仁儿茶也是挑着挑子沿街叫卖的，是用米、苦杏仁加糖熬成，虽然杏仁儿不多，因为放的是苦杏仁，所以味儿特别浓。清早热乎乎地喝一碗，非常开胃。

还有牛骨髓面茶，虽然跟杏仁儿茶差不多，可是全都是摆摊营业，而且是清一色教门朋友的买卖。要想吃点咸的，下街的有肉片打卤的豆腐脑，肉片煮得是恰到好处。肉片要肥的有肥的，要瘦的有瘦的，不咸不淡，买两个椒盐花卷配着吃，那真是美极了。

此外住在前门外的人，讲究早点到肉市小桥喝碗炒肝。名为"炒肝"，实际是猪肝小肠双烩。人家炒肝卖了百十多年，永远是卖一清早，每天勾一锅，摆在门口卖，卖完就明天请早。这种早点，只有地道北平人才知道到哪儿去吃，外来的朋友，想吃恐怕还摸不到地方呢。

还有，西单聚仙居血馅蒸饺也是早点一绝，馅儿是胡萝卜、香菜、鸡鸭血，外加鸡蛋、虾米。在北京也只此一家，并无分号。听说后来因为开马路，把卖酱肘子最出名的天福和聚仙居全拆了。今后回北平，想吃血馅蒸饺，也办不到了。海天北望，不禁口涎欲下，有些北平生的娃娃，生下来就来台湾，脑子里就知道北平早点只有烧饼油条豆腐浆，所以写点出来让小朋友们知道知道，其实北平的早点，种类还多着呢。

令人难忘的早点

北平从前除了大富大贵，一般普通人家很少在家里吃早点的。当时虽然没有晨跑、跳土风舞、打太极拳一类活动筋骨的运动，可是时兴早晨遛弯儿。把筋骨活动开了，肚子有点发空，街头巷尾有的是卖早点的。甜咸酸辣五味俱全，你尽量换着样儿吃，准保整月不同样儿。其中我最欣赏八面槽一带卖豆腐脑的。

最近台北有一家餐馆有饶阳豆腐脑卖。提起饶阳，有许多人不知道在哪一省，其实就是河北省深县，从前叫深州。深州以出产水蜜桃驰名全国，该处所产的桃子实大水多，跟奉化的玉露水蜜桃，一南一北相互辉映。至于深州的豆腐脑，知道的人就寥寥了。

八面槽那位卖豆腐脑的姓周，因为他身躯矮小，为人随和又爱说笑，所以大家给他起了一个外号叫"恨天高"，他自己还挺得意呢。久而久之，大家都叫他恨天高，有些人连他姓什么都不知道了。恨天高就是深州人，原本在深州大街上卖豆腐脑，直奉之战他怕抓，就逃来北平重操旧业。他每天六点准出挑子摆在八面槽锡拉胡同口外，豆腐脑是用老卤点的，可不带一点卤味。勾出来的黄花木耳肉片卤，黄花木耳用料虽然不多，可是选得很精，肉用肥瘦肉切成薄片（跟此地饶阳豆腐卤里放瘦肉丁完全不同）。他勾的肉片卤，两个小时要卖一百五六十碗，舀来舀去卤都不澥，人一夸他卤好，他就说："这跟俺在家乡做的差远了去啦！此地没有深州高台井的水重而且甜，所以豆腐脑差点劲儿。将来如果有缘，咱们去深州遇上，我用高台井水做的豆腐脑给您老尝尝，就知道俺不是胡吹乱嗙啦！"其实他在八面槽这份挑子，在北平已经算是第一份了，真有人从安定门遛到八面槽来喝碗豆腐脑的。

他挑子上还带卖马蹄烧饼，他每天从宝华斋买一方片好的清酱肉来，熟主顾跟他说："一碗夹两个。"就是一碗豆腐脑两套马蹄夹清酱肉。这一份早餐真是适口充肠，现在吃过的人谈起来，没有不流口水的，将来返回大陆，怕也不会有这样的早点吃了。

遛弯儿、喊嗓子、吃早点

人上了年纪睡眠时间就日渐减少，买卖地儿的东伙们，每天清晨在下门板之前，全都要到空旷地方活动活动筋骨，吸收点新鲜空气，然后摇摇算盘开始营业。早些年虽然没有晨运这个名词，可是早晨出去遛遛弯儿这个习惯，是古已有之啦。

从前早上遛弯儿，还有一个讲究，必定等天已拂晓才动身出门，不像现在三点敲过，晓风残月或是黑咕隆咚就出门晨跑了。听老一辈人们说，天光未亮，阴气太重，呼吸这种空气，对人来说是不太相宜的；晨雾露重，对老年人尤非所宜，故出门不宜过早。前儿

147

年在屏东有位好友突然不良于行，经往医院骨科检查，据告晨雾湿重，风邪入骨，费了半年时间，才把腿疾治好，可证老年人说的都是经验之谈，不能不信的。据说散步要抬头平视，快慢齐一，方能血脉流畅。从前江宇澄（朝宗）望八之年耳聪目明，步履轻健，他自认就是遛弯儿得法的结果。

北平大买卖家儿铺规定得很严，同人不准随便外出，可是早晨"放早"，准许出去遛个弯儿吃个早点什么的。有些年轻喜欢拈花惹草的伙友，前门一带花街柳巷又离得近，一眨眼就拐弯进胡同找相好的赶早儿去了，所以买卖地儿的朋友说遛弯儿是健身散步，若是说遛早儿就带点儿桃色气味，大家就心照不宣啦。

梨园行名角或是票友，要想自己嗓音保持高亢嘹亮，必须不辞辛苦，每天起早去到野外空旷地方或是城根儿去用苦功喊嗓子；功夫下得越深，自然嗓筒越痛快，上得台去怎么唱就怎么有，就别提有多舒服了。在前清，唱戏的子孙不能应科考，而且易学难精，所以入这一行的人不算太多。可是后来玩票的又为什么那么多呢？我曾经拿这个问题请教过北平老票友关醉蝉，因为他的弟弟钟四爷整天书不读、事不做，于是关醉蝉把钱金福请到家里来给爱玩的老弟说戏。他弟弟虽然不爱读书，可是学起戏来居然正心诚意一丝不苟。关醉蝉说，他弟弟虽然生得白净细弱，可是他偏偏要学架子花，而且要跟钱金福学艺。醉蝉知道他秉性固执，如果沉迷嫖赌，为祸更烈，喊嗓子要起早，而且禁吃辛辣糖豆，并且少近女色，都是对身体有益的。于是依他，并且拜托胡井伯一同学艺，实际就是看功，也就等于伴读。钟四认为名角都要到窑台喊嗓子，他自然也不能例外。从他家沙井胡同到窑台一南一北，汽车也要足足开半小时。他在陶然亭的高台儿上扯开嗓子，顶多咦哦呃呵地喊上一二十分钟，不但声嘶力竭，而且口干舌燥，只好打道回衙。人家真正喊嗓子的朋友，谁愿跟这种人一块儿裹乱？住在南城外的人不是金鱼池，就是天坛墙根儿，住在城里的人不是太庙就是筒子河，功夫下长久了，嗓筒自然圆润。

早年梨园行王毓楼的儿子少楼、斌庆社的王斌芬，都是冬练三九，夏练三伏，真下过苦功的。票友方面邢君明、胡显亭都怎么唱怎么有，越唱越清澈复远，全是一天不断喊出来的。当年李世芳刚出科时候，调门低沉而且常起蛾子，齐如山主张他每天清早喊喊嗓子，世芳的父亲李于健倒是每天一清早就带着儿子去窑台喊嗓子，无奈不能持之以恒。三天打鱼，两天晒网，一出外就搁下了，所以世芳的嗓子始终赶不上张君秋的爽脆刚亮。高庆奎是高四宝的儿子，原搭梅兰芳班唱扫边老生，四宝看梅大琐对兰芳督功甚勤，天天带着他喊嗓子、打把子、练毯子功，所以也逼着庆奎每天蒙蒙亮到气象台喊嗓子，终于把高庆奎督促成了名角。庆奎也如法炮制，后来把李和曾也调理出一副能刚能柔的好嗓子。听说在台名角，除了周正荣、徐露尚能不失典型，还能喊喊吊吊之外，其余各位大都是场上见了。喊嗓子这句话，在京剧这一行很快就要成为历史名词了。

在北平有清早遛弯儿习惯的人，多半是弯儿遛完吃过早点才回家的。现在大家一谈到北平的早点，总认为不过是烧饼油条豆浆而已。其实北平人吃烧饼油条是跟粳米粥一块儿吃的，要喝豆浆得到豆腐坊买回家去喝。天津人讲究到豆腐坊来碗清浆掰块豆腐；至于甜浆打蛋，咸浆放冬菜、虾皮、鱼松，外加辣油，那是江浙人的传授。台湾的吃法，早年不管是北平或天津都不会这种吃法的。

说到北平早点，烧饼就分马蹄、驴蹄、吊炉、发面小火烧四五种之多。至于油条，油面切成长条，中间划一道口子，用手一抻，炸成长圆形，比台湾一柱擎天的油条既秀气又好往烧饼里夹。此外"糖皮""锅鼻儿""甜果子"，要哪样有哪样。现在台湾不但没有人会炸，甚至还没听过见过呢！吃烧饼果子自然要喝点稀的，主要是喝粳米粥，或是甜酱粥。卖这两种粥的有粥铺，也有挑着粥挑子下街的，熬粥都是用马粪当燃料，粥里米粒儿，颗粒分明，可都接近溶化程度。据说喝这种粥，不但能清上焦的火，而且能止渴生津，一些有闲的遛弯儿人最相信这一套。有人喜欢喝点儿杏仁茶就烧饼果子，这种杏仁茶是甜苦两种杏仁米浆加白糖混合熬成，盛到碗里临时再浇点儿桂花卤子，霭彩啜露，清香噗噗。不爱吃甜的可以来碗肉片口蘑豆腐脑，从锅里舀几片嫩豆腐脑，来两勺口蘑肉片卤，为了拉主顾，真有不惜工本，用上等口蘑的。有时持斋茹素的居士们则喝面茶就烧饼果子吃。提起面茶也是来到台湾所没见过的点心。面茶是秫米熬成糊状，既不甜也不咸，但是一碗盛好，用两根筷子，蘸了芝麻酱，以快速熟练手法，撒满了碗面，然后撒上特制花椒盐儿。三九天拿来就烧饼吃，吃到碗底，都是又香又热的。住在前门外的人，讲究弯儿遛够了，到鲜鱼口小桥喝碗炒肝儿。所谓炒肝儿是猪肝儿小肠各半勾芡双烩，不知道他家是用的什么团粉，喝到底都不澥。民俗家张次溪说："除了回教朋友，凡是京剧杂耍的艺人，十之八九爱喝炒肝儿。名伶武生周瑞安有十一碗的纪录，说相声'大面包'一口气十四碗，又打破'周一腿'的纪录了。其实小桥的炒肝儿，每天只勾一大锅，卖光了明日请早儿，究竟好在哪里，谁都说不出所以然来。"

住在西半城有钱有闲大爷们，要是好喝早酒，自己到同仁堂带四两五加皮或是绿茵陈，去西单聚仙居吃血馅儿蒸饺。柜上一看您自己带着酒，先给您烫上，外敬一盘虎皮冻、一碟木樨枣，这是柜上老规矩。血馅儿蒸饺又叫攒馅儿，内容包括鸡鸭血、胡萝卜、虾米皮、木耳、香菜、胡椒，虽然没有肉，可是特别腴润，一咬一兜汤，跟花素蒸饺又别有不同。据说这是清代神力王的吃法，那位王爷威武神勇，武功卓绝，每天要到郊外拉弓驰马，自然弄得灰头土脸吃了不少灰尘回来。他的食量又大，有人告诉他吃鸡鸭血，可以把吸进肺部的尘埃排泄出来，所以他每次郊原试马，厨房必定给他老人家准备四五笼蒸饺儿大啖一番。后来被一班遛弯儿的人知道啦，于是聚仙居每天早上也添上了血馅儿蒸饺，一直到聚仙居小楼拆除，改为西湖食堂，遛弯儿的人也就没处吃血馅儿饺子啦。

炸糕原料是黄米面掺少许糯米粉揉成的，馅子一律是豆沙的，炸得黄糁糁的外焦里甜。当年颜骏人做外交部长时，有一次请各国使节吃早茶，就是用炸糕、面茶、普洱来招待的。各国驻华使节夫妇吃完，觉得这是使华以来，最好吃最丰富的中国味早餐。想不到炸糕、面茶还成招待外宾的上食珍味，可惜这两种早点，没见哪家小吃店做过，大家也就没这种口福了。北平早点吃烤白薯者固然有，但是早晨多半儿吃煮白薯，这种白薯都是选比手指粗不了多少的白薯秧子来煮。因为锅里煮着白薯，所以完全用手推车，没有挑担子的，满满一锅热气腾腾的白薯，他永远吃喝剩锅底了。其实真正剩了锅底的白薯，皮红肉黄，晶莹如玉，真跟用蜜煮过的一样香甜。现在英法大菜配有红心番薯，有人说就是从中国学了去的。是否属实，就无法考证了。

总之，北平早点有甜有咸，种类繁多，一时也说之不尽，有钱有闲人吃早点的花样，还多得是呢！

北平的烧饼油条

去年在美国遇见几位去国多年的老友，看见他们天天吃三明治、热狗、汉堡，有一位朋友说："又到了塞餐的时候了。"看他们万般无奈、食之无味那种神情，真是替他们心酸。我问他们想吃点什么中国味的东西，他们一致说："只要是中国式的餐饮，无论南北口味，在海外住久了觉得样样都好吃，尤其每天吃早点，就想起烧饼油条豆腐浆来了。"当年刘大中第一次回国，下飞机的当天，就跑到永和去吃烧饼油条喝豆浆。大概去国日久，人人都有点馋烧饼油条，外带着有点思乡的情形。

烧饼油条在台湾，无论哪个县市，大街小巷磕头碰脑都是这种早点摊子，可是要找一个合乎标准的摊子，那简直是凤毛麟角百不得一。也不知道是哪位先生出点子，夹油条的烧饼一律是长方形，有的起酥，一碰就碎，要不就是两张薄皮撕都撕不开，也没法夹油条。台湾炸油条，大概都跟江苏徐州府学的，尺寸倒是不小，几乎有一尺直直的长条，姑不论油条炸得酥不酥、脆不脆，虽然说烧饼夹油条，可是烧饼跟油条的大小不成正比，有如七尺壮汉盖着小孩被单，护头不盖脚，等于肚子上搭了一块毛巾，并且还不能使劲捏，因为烧饼原本酥得弱不禁风，若再用力一捏，烧饼也就粉身碎骨不成其为烧饼夹油条了。天津人讲话："这不是糟改吗！"所以无论归国学人如何向往烧饼油条，也始终引不起我对它的食欲。

回想当年在北平吃早点，让我最难忘怀的是马蹄烧饼。虽然也是薄薄两张皮，面上少许白芝麻，可是软而不酥，润而不油，夹上长圆形的油条，不多不少恰好是一套。吃到嘴里，隐泛油香，充肠适口。如果不夹油条，换上柔红腴美的清酱肉，那就更美了。

马蹄之外，还有一种驴蹄，烧饼面上沾的芝麻略多，刷上一层糖浆，瓤儿充实，拿来就大腌萝卜或是酱疙瘩吃，倒也别有风味。不过驴蹄跟马蹄不同时出炉，不知是什么人立的规矩，所有烙驴蹄烧饼的，一律下午出炉，这大概就是所谓食必以时的古风吧！

大陆的小磨香油芝麻酱都是特别考究的，假如附近有座油坊，必是香闻十里了，所以大陆烙的芝麻酱烧饼也特别香。一般说来，麻酱烧饼要比马蹄的尺寸略大点，因为芝麻酱烧饼可以白嘴吃，要是夹别的吃食，就把瓤儿掏出来，吃素的夹雪里蕻炒黄豆芽，吃荤的最好是夹上红柜子的猪头肉。吊炉烧饼是北平特有的，抗战胜利后，在北平已经很难吃到吊炉烧饼。由于这种泥坯做的炉，是用一根铁链子吊在墙上，所以叫吊炉，已经没有几个手艺人会搪这种吊炉。据我猜想，现在的北京，吊炉烧饼，可能久已成为历史名词了。

发面小火烧，是北平财政商业专门学校一个工友研究出来的。他在打扫课堂之余，就烙小火烧，炸小套环油条给同学们吃，后来扩及青年会米市大街一带，所以这种发面小火烧，夹上逛焦酥脆的小套环吃，只有东北城住的人有此口福，西南城就很少有人吃过了。

讲到油条，北平的花样可多啦，除了长套环、圆套环、小套环是正宗夹烧饼来吃的油条外，还有糖饼儿、糖三联。前者是一块圆糖饼，后者比核桃大一点、三个圆骨朵儿相连，因为所含面粉多带点甜味，可以单独吃，不必配任何一种烧饼。还有一种叫薄脆，天津叫它糖皮儿或锅鼻儿，把油面擀成长方形，下锅一炸，薄能透明，泡在豆腐浆或是粳米粥里补上吃，也非常落胃。

上海早上吃的是菱形烧饼，不油不腻，倒也不错。喜欢吃油的，上海的油酥饼也不错，手艺好的做出来的香脆酥润兼而有之，到台湾还没见有人做过。苏北有一种草鞋底烧饼，形状就如同一只草鞋，又不是洋白面打的，可是面香醇厚，别具风味。如果家里炼猪油剩下的油渣，拿到烧饼铺让他把猪油渣打烧饼，就是打一只，师傅们也是欣然和面，脸上没有丝毫不高兴的表情。想起大陆农村淳朴可爱的乡情，真令人有不胜今昔之感。

打卤面

一天三餐，南方人以大米为主，北方人以面食杂粮为主。吃面食的，除了馒头、烙饼之外，还是以吃面条的时候居多，吃面条不外乎炸酱或打卤。前几天白铁铮兄写了一篇《炸酱面》，今天就谈谈打卤面吧！

打卤面分清卤、混卤两种，清卤又叫汆儿卤，混卤又叫勾芡卤，做法固然不同，吃到嘴里滋味也两样。北平的炸酱面，前门外的一条龙、东安市场的润明楼、隆福寺的灶温，酱都炸得不错。至于混卤，拿北平来说，大至明堂宏构的大饭庄子，小至一间门脸儿的二荤铺，所勾出来的卤，只要一搅和就澥，有的怕卤澥，猛这么一加芡粉，卤自然不澥，可是也没法拌啦。

打卤不论清、混，都讲究好汤，清鸡汤、白肉汤、羊肉汤都好，顶呱呱是口蘑丁熬的，汤清味正，是汤料中隽品。氽儿卤除了白肉或羊肉、香菇、口蘑、干虾米、摊鸡蛋、鲜笋等一律切丁外，北平人还要放上点鹿角菜，最后撒上点新磨的白胡椒、生鲜香菜，辣中带鲜，才算作料齐全。做氽儿卤一定要比一般汤水口重点，否则一加上面，就觉出淡而无味了。

既然叫卤，稠乎乎的才名实相副，所以勾了芡的卤才算正宗。勾芡的混卤，做起来手续就比氽儿卤复杂了，作料跟氽儿卤差不多，只是取消鹿角菜，改成木耳、黄花，鸡蛋要打匀甩在卤上，如果再上火腿、鸡片、海参，又叫三鲜卤啦。所有配料一律改为切片，在起锅之前，用铁勺炸点花椒油，趁热往卤上一浇，刺啦一响，椒香四溢，就算大功告成了。

吃打卤跟吃炸酱不同。吃氽儿卤，黄瓜丝、胡萝卜丝、菠菜、掐菜、毛豆、藕丝都可以当面码儿；要是吃勾芡的卤，则所有面码儿就全免啦。吃氽儿卤，多搭一扣的一窝丝（细条面），少搭一扣的帘子扁（粗条面），过水不过水，可以悉听尊便。要是吃混卤，面条则宜粗不宜细，面条起锅必须过水，要是不过水，挑到碗里，黏成一团就拌不开了。混卤勾得好，讲究一碗面吃完，碗里的卤仍旧凝而不澥，这种卤才算够格。这话说起来容易，做起来可就不简单啦。

先曾祖慈生前吃打卤面最讲究，要卤不澥汤才算及格，我逢到陪他老人家吃打卤面就心情紧张，生怕挨训，必须面一挑起来就往嘴里送，筷子不翻动，卤就不太澥了。有一次跟言菊朋昆仲在东兴楼小酌，言三点了一个烩三鲜，并且指明双卖用海碗盛，外带几个面皮儿，敢情他把东兴楼的烩三鲜拿来当混卤吃面，真是一点不澥。可是换个样儿，让灶上勾碗三鲜卤吃面，同样用上等黑刺参而不用海茄子，依然是照澥不误，令人怎么也猜不透。言氏弟兄当年在蒙藏院，同是有名的美食专家，对于北方吃食，他们哥儿俩算是研究到家了。

有一年夏天，散了早衙门，大家一块儿到什刹海荷花市场消夏，又提到吃打卤面的事。言三说："北平大小饭馆勾出的卤都爱浊，还没在哪家饭馆里吃过令人满意的混卤呢！"在座有位孙景苏先生住在积水潭，他说在他住所附近有个二荤铺，每天一早总要勾出几锅羊肉卤来，是专门供应下街卖豆腐脑的浇头，如果头一天带话，他可以留点卤下杂面吃。笔者当时因为天气太热，挤在湫隘的小屋里吃打卤面，似乎吃非其时。奚啸伯叔侰昆仲嘴馋好奇，听了之后过不几天，就向大家报告。孙景老的品鉴的确非虚，人家勾出来的卤，除了凝而不浊外，而且腴润不濡，醇正适口，调羹妙手，堪称一绝。又过了不

164

久，齐如老跟徐汉生两位也去品尝过一番，同样认为这种羊肉卤是别家饭馆做不出来的美味，可惜荷花市场还没落市，就碰上七七事变啦。大家从此奔走南北，浪迹天涯，朵颐福薄，只有徒殷结想而已。

茄子素卤。平素茄子卤倒是常吃，可是茄子素卤只听说有这种吃法，可没试过。北大刘半农兄生前是最喜欢搜奇访胜的，他听说宣武门外下斜街明代古刹长椿寺，有两件古物，一是明朝正德皇帝生母皇太后的喜容，一是元代紫铜沙金合铸的一座三尺多高的浮屠。因为舍间平素跟长椿寺有来往，寺里住持方丈寿全老和尚跟笔者又是方外交，于是规定时间，半农兄又约了三位考古专家一同前往。他们认为从这幅喜容中发现若干前所未见的小服饰，可算此行不虚。同时中午寿全大师准备了茄子素卤吃面，茄子是附近菜园子里现摘现吃，小磨香油是戒台寺自己榨的，加上铺派（伺候长老的杂役）手艺高，吃这样的茄子素卤，比各大饭馆荤的三鲜卤要高明多啦。

　　来到台湾几十年，合格够味儿的卤固然没有喝过，似乎打卤面已经变成"大鲁面"，连名儿都改啦（十之八九是受了鲁肉饭的影响）。前几天在高雄一家平津饭馆吃饭，跑堂的小伙子，说的一口纯正国语，问他打卤面怎么改成大鲁面了，他说近几年上的饭座台省同胞居多，叫大鲁面听了顺耳，这叫入乡随俗。您想各省口味的饭馆，都入乡随俗南北合了，菜还能好得了吗？

吃抻条面

　　记得早先在北平，大家都是吃伏地面（又叫本地面）的，自从有了机器洋白面，粉质精细，色白胜雪，伏地面自然而然就归于天然淘汰啦。在没有机器面之前，卖本地面的没有专门行业，一向是由大米庄碾制出售。到现在所能留下的印象，就是大米庄给住户送面粉用的面粉袋，是圆滚滚近一人高，一个大粗布口袋上头印着字号、地址而已。伏地面也好，洋白面也罢，北平人似乎对于机器切面，都没多大兴趣，好像对抻条面有一种偏爱，总觉得抻条面吃到嘴里利落爽口，软硬适度，而且有股子咬劲儿。抻面的"抻"

字，笔者在上书房认字块的时候，老师就教过了。可是这个字用的地方实在太少，久而久之，也就把怎么写也忘了。舍亲合肥李木公是桐城派古文家马通伯的入室弟子，他初次到北平跟我说想尝尝北平的拉面，他一说把我也愣住了，继而一想才知道皖北一带管抻条面叫拉面。我告诉他北平叫抻条面，他说就是不知"抻"怎么写，所以才叫拉面。可是当时我怎么样也想不起"抻"字怎样写了。等来到台湾，广播公司在《早晨的公园》节目里，请何容先生播讲"每日一字"，讲到"抻"字，从此我才又把这个字拾回来。

抻面不但要有技巧，同时两条膀臂还要有把子气力才行。抻把儿条都是厨师傅来抻，至于女佣们也会把面擀成片切条连甩带抻，虽然也算抻条，吃到嘴里总嫌不够劲道，严格地说，实在不能列为抻条面的正宗。抻面要先把面揉成长条，提溜起来拧成麻花，拧得越匀越好，然后尽量地上下甩动，叫"溜"，溜上个三两回就要蘸点碱水再溜，碱水多了面色泛黄，碱水蘸得少了又伸张不开。等面溜够劲头，一条大面柱由一变二，二变四……一直拉下去。粗细可以分帘子棍、家常条、细条几种，再要细叫一窝丝，只要关照灶上的大师傅多搭一扣，那面条可就细多了。

北平饭馆子里抻条面以隆福寺灶温抻得最够标准，到对门白魁买点烧羊肉宽汤，来个烧羊肉煨余儿，那可是一绝。或是到福全福馆来份鸭架装打卤，也别有风味。除了北平，您到任何一个地方也吃不到这两种滋味。东安市场润明楼的店东老段自己讲究吃抻面，所以灶上大师傅抻面手艺都是老段调教出来的，一听说掌柜的要吃抻条，谁也不敢马虎。可有一宗，他家的小碗干炸，实在不敢恭维，酱太咸不说，肉末也太差劲，吃到嘴里总有点木木扎扎的感觉。梨园行有位唱须生的贯大元，平素是精于饮食的，他说："润明楼面抻得好、酱炸得差，咱们就改吃打卤吧，来个肉片卤、三鲜卤，仍旧是砟锅。最好是叫一个中碗烩三丁宽汁，浇在面上吃可就精彩啦。因三鲜打卤面是列在普通大众小吃价码里，必须价廉，才有人吃，价码一高就没人敢吃了。您要个烩三丁，柜上列为正式熟炒，得用上好刺参，真正南腿，带皮的鸡丁，货高价出头，调和不同，自然要比三鲜卤高明多多了。"后来吃了几次，证实贯老板所说的果然不假。

舍下当年在北平所用的厨子叫刘顺，也是抻面的好手，粗细由心，一次能抻出两斤面条儿来。他的炸酱比饭馆子的炸酱确实味道不同。他说："炸酱用的酱一定要用上好的面酱，能买轳辘把儿（地名）西鼎和的酱最为理想，避免太咸，八成黄酱，加上两成甜面酱，千万别放糖。先用开水稀释和匀，把鸡蛋炒好碾成碎块，另外用小金钩（北平有种小虾米两三分长，通体赤红，其味特鲜）开水略发，葱、姜爆香，然后炸酱，那比肉丁、肉末炸出来的酱都鲜美。不过面一定要吃锅儿挑不过水，那就更腴润而甘了。"人家吃面的面码儿是掐菜、青豆、黄瓜丝、芹菜末，我吃炸酱不搁面码儿，要用广东罐头的生姜藠头（又名什锦子姜）。把又甜又酸的子姜汤浇点在面上代替米醋，不但清爽适口，而且吃完不会叫渴。若是再有点真正四川泡菜就着面吃，人家说美尽东南，我说这种吃法简直是味压四方啦。

炸酱吃腻了，有时换换口味吃打卤面。打卤分清、混两种，清的叫氽儿卤，混的叫勾芡卤。氽儿卤作料是肉丁、鸡蛋摊好切丁，加上虾米、黄花、木耳，用高汤或白汤煮；混卤用三鲜肉片，再加上虾米、黄花、木耳、鹿角菜，还可以把茄子切片炸好一块勾芡，又叫三鲜茄子卤，最后炸点花椒油趁热往上一浇，一股子麻辣清香，更能开胃。以味道醇厚说，当然要算勾芡卤啦。不过当年跟家里长辈一块吃打卤面一定要斯斯文文，不准筷子在碗里胡翻乱挑，吃完面剩下的卤底儿应当不澌，否则就要挨训啦。所以虽然勾芡好吃点，可是小孩宁愿吃氽儿卤免得挨训。总而言之，不管吃什么卤，也是抻条才够味，要是用切面，味道就差了。

笔者当年在湖南衡阳的一家北方馆，看见墙上贴着北平炸酱面，于是要了一碗来尝尝。面当然是切面，酱是浇在面上，酱咸不说，全是香豆干，还自动撒上一把掐菜当面码，异香异气勉强吃完，好像不是吃的炸酱面。后来又在另外一家平津馆叫炸酱面，仍旧是豆腐干炸酱。知友刘孟白在衡阳住过三年，他说衡阳炸酱面家家如此，好像是一个师傅传授的。抗战之前因事到过一趟包头，平绥铁路客运频繁，最普通的面食叫碗炸酱面，大概不会太离谱儿。谁知炸酱面端上来，膻腥肥腻不说，酱里尽是花生仁儿，软中带硬，没法下咽。换了一家，做法依然。一南一北，相互辉映。此后离开北平，到任何一处通商大埠，都不敢叫炸酱面，那种莫名其妙的都敢叫炸酱面，简直吃怕啦。

抗战胜利第二年，笔者到苏北泰县去探亲，有人指点泰县大东的肴蹄白汤面是里下河有名，自然要去尝尝。先说面吧！泰县有一种叫小刀儿面，是用本地面做的，虽然没有洋面那么白，可是隐约有一种麦香。面是和好摊在面案子上，用一枝丈把长、四寸多圆径的木，一头插在墙洞里，人坐在杠子上翻来覆去地压瓷实了，再切成面条的。所以吃到嘴里非常利落爽口，如果给灶上带个话儿要煮得呛一点（就是硬点），那跟抻条面就极近似了。所以白汤面的汤除了鸡鸭架装、猪骨头之外，还有鳝鱼中骨跟鱼虾，汤整天在锅里翻滚，汤浓味厚，白同乳浆，配上皮烂肉糜的肴蹄，这碗小刀白汤肴蹄还能不好吃吗？

初来台湾，甭说吃小碗干炸抻条面，就是想吃任何大陆口味的面食都不容易；后来

173

大陆来的人渐多，大陆的小吃也就五花八门层出不穷，说到如何地好，是谈不上的。像不像三分样，好坏别苛求，大致不离谱儿，大家也就心满意足啦。有一个时期，新公园西门怀宁街一带，各省的小吃店如同雨后春笋，越开越多，到了午晚饭口，伙计在门前拉客，有的穷凶极恶，有的哀哀求告，又可气又可怜。时间不对，笔者经过怀宁街总是绕道而行，以免麻烦。有一天到三叶庄旅馆访友，凭窗下望，看见有个叫半分利专卖饺子面条的小馆，面案子上正有一个精壮的年轻汉子在溜面抻条，动作程序都很熟练自然。本来打算到三六九吃午饭，由于好奇心驱使，改在半分利吃抻条面，准知道酱绝炸不好，所以叫了一份三合油芝麻酱拌面。来台湾二三十年，这一次吃的抻条面算是最够水准的了。后来为了整理市容，拆除违建，怀宁街一带违建全部拆迁，半分利也不知迁往何处去了。有位上海朋友说，台北武昌街一处的炸酱面不错，口味标准。本来南北不同，等有空去吃一回，才能知道是好是坏呢。

烙合子

前些时候，逯耀东先生在报上谈过台北的天兴居会做烙合子，于是把我这个馋人的馋虫勾了上来。当年在北平，北方小馆只卖褡裢火烧、荤素锅贴、铛煎馅饼几种带馅的面食。烙合子属于家庭面食的一种，也许笔者浅陋，好像还没听说哪家饭馆有烙合子的。

有人管烙合子叫"菜合子"，其实花素馅才叫合子，要是牛羊肉加大葱，一咬一兜汤，这是肉饼，不算是烙合子啦。

烙合子最注重的是拌馅儿，您到饭馆要一笼花素蒸饺，那些白案子上的先生好像一个师傅教出来的，除了小白菜、大白菜之外，猛加豆腐、粉条、黄花、木耳，炒点鸡蛋丝，抓上一把虾米皮，这一碗花素蒸饺的馅儿，就算大功告成啦。要是面烫得好，皮子擀得薄，还可以吃几只揣揣饥。可是十之八九蒸饺皮厚面硬，吃到嘴里扎扎乎乎，愣是咽不下去。所以家常做的烙合子，一定要在馅子上下功夫了。

做合子馅应当以菠菜、小白菜各半为主干，爱吃韭菜可以加一点韭青（老一辈的人说烙合子只能加点韭青，不能放黄，究竟是什么老妈妈论，咱就不懂了）。鸡蛋炒好切碎（不要摊成鸡蛋皮），上好虾干剁碎（忌用虾皮），黄花、木耳、豆腐、粉丝，饭馆是用来当填充量的，非常夺味，最好不用，要用也只能少用一点配色。然后加入各种调味料拌匀，备用合子皮一定要自己擀，烙出来一合子吃到嘴里，才肉肉头头没有桑硬的感觉。

烙合子不用平底锅烙，更不能上铛爆，讲究用京西斋堂特产支炉来烙，烙子上点油不沾，所以吃起来非常爽口。贪嘴的人碰巧或许吃得过量，可是合子上没有浮油，不会有膨闷饱胀的感觉的。烙合子也是要懂得手法的，因为不刷油，一个捏不好就会咧嘴；所以合子大小，以三寸圆径为度。合子包好，要用小瓷碟四边切齐，再捏一遍。有人避免合子咧嘴，特地捏上花边，好看是好看，可是吃到花边，就觉得有点硌牙了。其实压过边，用手错着再捏一遍就不会散啦。薄边当然比花边好吃。

烙合子是河北省的吃儿，还是山西省先有的，因为年深日久，可就没法子究诘啦。不过据当年阎百川先生的秘书长赵戴文说，烙合子是他们山西家乡吃食，而且是他的本命食（北方人把自己最爱的东西叫“本命食”），所以赵先生家里三天两头吃烙合子。甚至有客人来，不是太外场的朋友，赶上吃烙合子，也会款客入座的。赵府的烙合子不但脍炙人口，而且吃烙合子要蘸高醋，山西省的醋，是举国闻名，而赵府的佳酿，当然是沉浸浓郁、酸中透鲜的陈年老醋。凡是在赵府吃过烙合子的，提起当年无不津津乐道。在台湾想吃一回精细入味的烙合子并不难，可是在台湾甭说想吃山西的陈年高醋，固然渺不可得，就是想来点镇江米醋也是没法的呀！

北方人爱吃的烙合子

　　烙合子纯粹是一种北方面食，既然叫"烙"，自然以支炉上烙而且不抹油为正宗，像葱花饼、家常饼、芝麻酱糖饼、清油饼、肉饼、馅饼都是铁铛上烙，并且两面刷油，吃到嘴里，味道就两样了。烙合子的支炉是北平门头沟斋堂特产，当地出产一种钢砂，坚而发亮，烧出大大小小的砂锅，挑进城来沿街叫卖，北平老住户都是买它来熬粥，说是米蕴元香，粥又烂乎。京剧里有一出玩笑戏《打砂锅》，有个叫"大鼻子"的丑角，在台上一撒疯，把大小成套的砂锅摔得粉碎，满台飞碎片。北平人说俏皮话"卖砂锅的论套"，大概砂锅容易烧裂，所以老太太一买砂锅，总是论套买的。砂锅鼓子带盖儿，膛儿大且深，炖肉不走气，锅塌羊肉，熟得快，容量多。薄砂吊子短嘴带把儿，还附带一片往里凹的薄片盖子，那是熬中药汤剂饮片的专用品。支炉有大、中、小三号，其形像京剧打鼓佬的丹皮，支炉上面全是透空洞眼，比砂锅鼓子所用的材料就厚实多了。卖砂锅的挑子上，就是这四样东西。舍亲金君好吃支炉烙饼，从北平带出一个支炉来，他住在南昌街的时候，住所失慎，全幢房子烧光，他居然把支炉抢出来了。后来我跟他说物稀为贵，您这个支炉，比雍正的白地青花、乾隆的金地五彩还要值钱呢！在台湾，雍正乾隆的细瓷不算稀奇，您这个支炉，在台湾可能是独一份，岂不是无价之宝了吗？

话越扯越远，还是谈谈烙合子吧！合子虽然是把面擀成两个面皮儿合起来，可是面的软硬要和得恰到好处，面太硬，捏不好会咧嘴；面太软不好包，也不好烙。烙合子，原名叫菜合子，顾名思义，合子是以菜为主。要是大葱牛羊肉馅，一咬一兜汤，那得归入肉饼、馅饼一类，应当归入粗吃的面食，不能算是烙菜合子了。正规合子应当以菠菜、小白菜各半为主，可加入点嫩青韭，菜要剁烂，青韭切细，鸡蛋炒好切碎，上等干虾米剁碎（虾皮固然不用，虾皮剥不净的虾米也忌），加上各种调味料拌匀即可。至于木耳、黄花、豆腐、粉丝那才是花素蒸饺用的，最好不要瞎掺和。合子大小以三寸为度，在支炉上烙，点油不沾，才算真正烙合子。

近两年烙合子好像很走时，有些北方馆都添上了烙合子。有几位好吃的朋友问我哪家合子烙得好，这话可就难讲了。烙合子是家常吃，在大陆没听说哪家小饭馆有卖烙合子的，饭馆都用铛，没有用支炉的，而烙合子一定要用支炉烙才够标准，现在台湾上哪儿去买支炉呀？有人说，天厨小吃部的烙合子尚可，以形象大小论倒是不错，不过馅子太粗，合子上挂油，吃完不十分爽口，近乎馅饼。中山北路有一家北方馆叫天兴居，曾经以烙合子号召过一阵子，那家老板沙苍是老北平东安市场会元馆的少东家，他虽然吃过见过，可惜灶上的白案子不一定听调度，合子烙出来倒是有个样儿，又犯了面硬馅儿粗的毛病。后来"陶然亭"也添上烙合子了，在烙饼的铛上烙合子，难免油重了点儿，奇怪的是大师傅手上没准头，馅子时好时坏，大概常换做手的缘故。中山北路、青岛东路各有一家卖烙合子的，金针、木耳、豆腐、粉条乱掺一通，近乎庄户人家吃的烙合子。信义路有一家小饭馆也卖烙合子，合子有五寸大小，咬开一兜韭菜，简直成了韭菜篓儿了。听刘枋女士说，中和市有一家烙合子还不错，刘女士会吃会做，她的推介当然不会错，有机会总要去尝一尝。总之，烙合子是一种家庭面食细腻做法的吃食，是无法大量供应的。笔者自从来到台湾，每逢年节，内人总是做几个花素合子给我解馋，整天大鱼大肉，偶然吃一餐清淡适口的面食，身心俱畅。我想有若干朋友，都赞成我的吃法吧！

从梁寿谈到北京的盒子菜

一九八一年元月十三日（庚申年腊月初八）是梁实秋先生八旬正庆，张起钧教授在腊八清晨，特地在他的府上，邀集同好，共啜佛粥，并约笔者参加，同申庆祝。碰巧笔者正准备到东南亚旅游，整天为领护照、办签证、打防疫针忙得晕头转向，所以如此别致的雅集，未能躬逢其盛，歉疚怅惘兼而有之。事后听说那天一共到了八个神仙，其中还有一位何仙姑，八仙庆寿，真是一次群仙毕集的盛会。

啜粥之余，陈纪滢兄谈到北京独有的馔食盒子菜。当年北平卖猪肉的叫"猪肉杠"，卖羊肉的叫"羊肉床子",何以有杠床之分?现在已经没有人说得出来龙去脉了。猪肉杠除了卖生肉、下水而外,有的还卖酱、熏、卤、烤肉类熟食,有的还卖整只烤鸭、烧猪、熏对虾、熏鸡子,又叫作酱肘子铺。在北平住宅密集地区,三几条胡同必定有家羊肉床子,距离不远必定有个猪肉杠;还有一家菜魁外带油盐店。假如家里来了不速之客,预备酒饭,一时措手不及,只有叫个盒子菜,请客人吃薄饼,酱肘子铺随时都能供应。盒子菜花色最齐全,货色最细腻,首推北城烟袋斜街的庆云斋,据说是内务府一位姓毓的买卖。内务府的员司都经常照顾他,不但口味醇正,而且刀功精细,一揭盒盖就令人觉得色香味雅,有耳目一新的感觉。

当年北平内二区警察署长殷焕然,是地道北平土著,也是小吃名家。据他说:"我家从前就是开酱肘子铺的,盒子菜是清朝定鼎中原才开始的。满洲人在东北到了秋末冬初,都喜欢行围射猎活动活动筋骨。为了猎狩方便，多半是烙几张饼卷上一些熏卤熟食，揣在怀里走进深山挖参打猎了。自从清兵进关奠都北京，在饮食方面，仍保留一些旧日习惯，几经演变就成为现在的盒子菜了。"

谈到盒子菜除了北城的庆云斋外，东城以八面槽的宝华斋最有名，连久居北京的欧美人士都会到宝华斋叫个盒子菜吃，西城以西单牌楼的泰和坊、天福最出色。老北京没有不知道天福酱肘子特别烂而入味的，南城的便宜坊除了烧鸭子外，盒子菜也不错，因为他家设有雅座可以宴客，当年官场中访客，恐怕招摇，则有不愿在庄馆酬宾，所以便宜坊就变成绝妙小酌的地方啦。另外一家专卖盒子菜的距离庆云斋不远，叫晋宝斋。

故友莫敬一、世哲生二位，除了喜欢票票戏外，哥儿俩没事就蹓摸小馆喝两盅聊天解闷，晋宝斋就是他们两位无心中发现不时光顾的地方。据说这是北京最古老的酱肘子铺了，他家的盒子菜，漆盒尺寸比一般盒子大而且高，式样典雅，菜格九份，画的都是边塞风光，无垠大漠，调鹰纵犬，驰马试箭，跟一般盒子上画的龙纹凤彩、福寿吉祥完全大异其趣。莫老说："这家酱肘子铺经我考证，是元代至正年间开设的。"照漆盒上古色古香油漆彩画，可能不假。

晋宝斋靠近烟袋斜街的寸园，寸园是张香涛的别墅，厚琬、厚瑰昆季抗战之前，一直都住在寸园，每年正月他家有文酒之会，假如最后菜不够吃，总是让晋宝斋送个盒子菜来吃春饼。晋宝斋的东家叫伊克楞克，当然是蒙古人了。厚琬先生说："最初他家的盒子菜里材料，全是牛羊肉，是北京城独一份儿牛羊肉的盒子菜，后来入乡随俗，慢慢才改得跟一般盒子菜的花色差不多了。不过中间主格像虎皮鸽蛋，又像炸迷你虾球，实际酥炸牛睾丸，是他们特有的拿手菜，遇有熟主顾叫盒子菜，偶或还露一手，另一方面也是免得数典忘祖，表示永远不忘本源的意思。"

熏雁翅（就是熏大排骨）本来是西单天福酱肘子铺最拿手，晋宝斋的熏雁翅则别具一格，是内掌柜的特制品，熏的火候味道咸淡都恰到好处。他家卖的叫拆碎熏雁翅，不知是哪位前人留下的规矩，熏雁翅不能上盒子菜，所以他家熏雁翅，都是用盘子装好另上，后来索性变成他家的敬菜了。熏雁翅一上桌大家总是吃一半留一半，拿到厨房加豆嘴黄酱一炒，等吃完饼，当粥菜，就玉米糁粥来吃，翠豆红丝，色鲜味美，堪称粥品中一绝。

齐如老在北京时有一个时期除了听听小科班，就是吃吃小馆，他跟一位湖北朋友徐汉升对六九城的盒子菜品尝殆遍。陈纪滢兄说："如老对盒子菜典故知道最多。"那是一点儿不假的，据如老品评，酱小蛤蟆（里脊肉核酱后，插上一只鸡腿骨），天福推第一；

打磨厂芝兰斋的酱小肚味醇质烂入口即溶，为别家所不及；旧鼓楼大街宝元斋素砂香肠爽口不腻，佐粥最妙；前外新辟路有一家六芳斋是南京人开的，有南京小肚、琵琶鸭子，盒子菜的菜样增添到十七样，有脸有脯，鱼虾并陈，酒饭两宜，简直是一桌南北交融的合菜了。这些都是如老品尝后知味之言。

有一天我们在华乐园听富连成夜戏，碰巧跟齐如老、徐汉升同座，他们刚从六芳斋来。徐汉升觉得他家盒子菜，肥腴芳鲜，皆属妙馔。我问汉老吃过晋宝斋的盒子菜了没有？远在什刹海小胡同里的盒子铺，齐、徐两老，自然不会光顾到了。经我一说，他们二位居然特地去吃了一次。齐如老对晋宝斋下了八个字的评语："醇正昌博，易牙难传。"抗战胜利之后有位南方朋友，听说盒子菜里有酥炸牛睾丸，打算去尝尝，我这识途老马，自然向导东道，可是在烟袋斜街走过来走过去，就是找不到晋宝斋了。最后跟附近的一家烟儿铺打听，晋宝斋早已关门歇业，连铺底都倒给人家开五金行啦。

去年有一位美籍朱君毅先生赴大陆探亲，在各地逛了一个多月，回到美国写了一篇《大陆去来》。其中有一段他说："像梁实秋和唐鲁孙笔下的那种吃法，即使在梦中也找不到！"虽然是短短一句普通话，照此推想，则将来回到北京，盒子菜恐怕真正成为历史上的名词啦。

酱肘子、炉肉、熏雁翅

　　幼年在北平时节，就喜欢吃盒子铺里做的酱肘子和炉肉、熏雁翅。每天下午学校一放学，必须走过西单牌楼天福酱肘子铺，大家叫它"酱肘子铺"，乍一看只有一间门脸儿，并不十分起眼儿，其实是一家大盒子铺外带肉杠。天福的酱肘子，不但煮得极烂，由于多年老汤关系，咸淡松烂有肥有瘦，非常入味。放学回家正是饥肠辘辘、食欲最强的时候，天福对街宝元斋烙的叉子火烧正好刚刚出炉，热火烧一夹肥瘦适当的酱肘子，肥的部分见热就溶化了，咬一口顺着嘴流油。凡是吃过天福酱肘子夹热火烧的朋友，大家凑在一块儿聊天谈起来，没有一位不是馋涎欲滴的。

炉肉也是盒子铺的制品，分挂炉跟叉子烤两种。台湾没有盒子铺，自然吃不到炉肉啦。炉肉都是接近吃晚饭时间才出炉，新疆督军杨增新是云南蒙自人，他说他的家乡会做一种烧肉，跟北平的炉肉一个滋味，把刚出炉的炉肉蘸着顶好的荫油[①]，再配上将出屉的热腾腾白米饭，他可以连吃三大碗饭，觉得比请他吃燕菜席还落胃。其实冬季吃火锅，加几斤炉肉在锅子里，肉皮虽然不酥脆了，可是锅子汤就别有一番鲜味了。

熏雁翅其实就是熏大排骨，在熏的时候涂抹上一层红曲，北方熏吃食，跟江浙不同，江浙用红糖或茶叶，北方则用锯末子熏。据说四川樟茶鸭，就是南北合的熏法，倒也别有风味。熏雁翅百分之百是下酒菜。北平是

① 传统台式酱油，即黑豆酱油。

春夏秋冬四季分明的都市，一交立秋真是一场秋雨一场寒，在几阵连绵秋雨之后，已凉天气未寒时，买点滚热的糖炒栗子，来他一斤半斤的熏雁翅，约上三五知己，低斟浅酌来欣赏秋雨，没尝过这种滋味的人，是体会不出这份情调雅趣的。如果有吃不完的熏雁翅，把排骨上的肉撕下来，用豆嘴加点黄酱一炒，拿来当啜粥的小菜，更是别有风味。现在回想起来，真令人有低回不尽的情怀。诗人林庚白说过，北平有许许多多让人说不出的情调，拿熏雁翅来下酒听秋雨，就是别处没法享受得到的。

现在台湾的平津大小饭馆，越开越多，差不多都卖酱肉、叉子火烧。

笔者记得当初在北平，肥一点的，大家都叫酱肘子，瘦一点的，叫酱肘花，很少有叫酱肉的；来到台湾，酱肘子也好，酱肘花也好，一律改称酱肉。齐如老生前，认为改叫酱肉是极有学问的，既然不叫酱肘子，名称不同滋味自异，谁又能说跟北平的酱肘子不一样呢，根本就是两码子事嘛！

满洲习俗，姑娘许配人家，先放小定，是送一对荷包，然后择日正式放定。男方送女方聘礼，除了猪羊鹅酒之外，讲究人家还有送烤小猪的。女方收下男家这些礼物后，要把这些礼物分送至亲戚家中，由他们自行留用。当然把聘礼留得越多，将来姑娘出阁，份子送得越厚。烤小猪是众所欢迎的聘礼，割下一两斤烤小猪来，先把酥而且脆的皮起下来过油一炸，到嘴里一嚼又脆又香，所以叫它"炸响铃"。把去了皮的烤小猪，切成大薄片来熬大白菜，加上豆腐粉条，倒也不错。还有人特地到盒子铺点买炉肉熬大白菜呢！

广东是最讲究吃明炉乳猪了，姑娘出嫁三朝回门，男方如果有明炉乳猪送给亲家，这就说明新娘子真正是个黄花大闺女，女方必定悬灯结彩燃放鞭炮，大宴亲朋夸耀一番。如果小姐回门没有金猪伴送，女方则感觉脸面无光，也就热闹不起来了。在早年广东省新姑奶奶回门有没有烤乳猪，还是件大事呢！这种乳猪讲究用二三十斤的小仔猪，烤出来红炖炖油汪汪，皮薄而脆，肉嫩而细。广东会吃的朋友说带皮乳猪跟鲜猪肉合焖，名为"富贵双瓯"，不但吃起来腴润不腻，别有一番滋味，并且有人认为运气不佳、做生意不顺手的生意人，吃了这种富贵双瓯，还能转运大吉呢！

　　近十年来台北广东式的酒楼饭馆，的确开了不少，谈到烧腊手艺真正合乎标准的，实在并不多见。有几家酒楼，自吹自擂认为他家烧腊可以媲美港九，可是老饕们试吃之后，也未见高明。那些美食专家细一研究，并不是这些大师傅们的手艺有欠高明，而是台湾属于海洋气候，又在回归线上，高温多湿，就是冬季也不例外，尤以台北为甚。请想，灌香肠肝肠，做腊肉腊鸭，在阴湿的气候，就是技擅易牙，也没法子做出够水准的烧腊来呀。笔者前年去泰国游览，曼谷唐人街的耀华力路、石龙路一带广式菜馆请来的师傅，并不一定比我们这里广东师傅手艺高明，可是他们的烧猪肉、明炉乳猪，都比台湾乳猪烤得脆而且酥，就是香肠味道也来得够味，甚至曼谷江浙馆做的烤鸭也是迸焦酥脆，比台湾北方馆子烤的也稍胜一筹。并不是说咱们手艺不如人家，而是空气湿度太高，鸭子一出炉，就是从厨房用推车把烤鸭扣上玻璃罩子推到席面旁边来，片皮削肉那一折腾，鸭皮夹片儿火烧里，十有九次都是嚼不动的，那能怪谁呀！鸭子如此，烧猪肉又何独不然？最近民生东路有一家润记小馆，烧猪肉由小老板自己动手烤，每次只烤三五斤，现烤现吃。从厨房到烧腊架子不过十来丈远，这种烧猪肉博硕肥腯入口酥脆，是笔者旅台以来，所吃烧猪肉中足堪跟北平的炉肉相媲美的。

至于熏雁翅，台北几家北平饭馆全都问

过，知道的人并不太多，就是知道，印象也不太深；再问卖熏卤酱腌的铺子，十之八九也都含糊其辞。料想这个下酒的隽品，恐怕得回到北平吃，才能一边撕熏雁翅，一边喝着海淀的莲花白呢！

炉肉和乳猪

　　如果您不是北京生长，或是没到过北京的人，跟您说炉肉，可能您不知道是什么吃食，其实说穿了就是烧烤猪肉。在前清，妇女除非参加亲友家嫁娶祝寿汤饼喜庆盛典，才到各大饭庄子出份子道贺外，平日随随便便就进饭馆子吃喝一顿的，可以说少而又少。堂客们既然不轻易下小馆，有些人为了套近乎，给人送只烤鸭或是一方炉肉，送者所费不多，受者全家都可以吃得其味醺醺，这就是早年烧烤大行其道的原因。

　　在北京，烤鸭是专门由便宜坊、全聚德一类天津所谓鸭子楼来供应，至于炉肉就只有盒子铺（又叫酱肘子铺）所做的独门生意了。一般盒子铺的炉肉大多十几斤到二十斤一方，烤个一两方，每天也就够卖的了。至于讲究人家要用全猪过礼下聘，那就得向盒子铺预定了。盒子铺的炉肉，是每天下午两三点钟，纯粹用钢叉挑着肉在炭火上转着烤，所以刚出炉的炉肉皮又酥又脆，腴而不腻。这时候买回家蘸着酱油下酒，或者是用大葱一爆拿来下饭，稻香肉美，是一班久居北京老饕们价廉物美的佳肴。

在实行屠宰税之前，北平很盛行吃烤小猪，皮酥而脆，肉细而嫩，最妙是滑香腴润毫不腻口。自从屠体猪只加盖蓝色印戳后，想吃烤小猪简直是戞戞乎其难了。当时北平市财政局局长杨荫华和我都是陶然酒会的酒友，有一次酒酣耳热，大家都想请他弄一只小猪来解解馋，最后他幸不辱命弄了一只小猪来，让大家饱啖一番。事后他说十斤小猪按大猪完纳屠宰税，屠宰场才肯动手，平素大家吃不到烤小猪，其道理就在于此。

清宫寿膳房有一道菜叫炸响铃，就是把炉肉的皮单独起下来，回锅炸脆蘸着花椒盐吃，是一样下酒的美肴。关于炸响铃，还有一段小故事。据说当年清朝道光皇帝勤政爱民自奉甚俭，隆冬大雪偶或酌饮几杯，就喜欢以炸响铃下酒。有一天在后宫无意中翻阅膳食单，看了之后大吃一惊，一味炸响铃竟然开价一百二十两。他立刻把御膳房首领太监传来问话，回说用整猪烤后起皮下锅，这个菜的确不能算贵了。道光虽未深究，可是从此传膳，绝不再点炸响铃这道菜。后来这件事传出宫禁，北京一些大的山东馆都添上炸响铃这道菜以餍顾客，至于是否真从炉肉起下来再炸的，那只有天知道了。

北京旗籍过大礼，也有用整只烧猪下聘的，女家还要把男方所下聘礼中的鹅、酒、糕饼、花粉、活羊、烧猪分送亲友家请其留用。这种烧猪游遍六九城，原本酥脆的炉肉皮已经回软，受者有人把整方炉肉改成骰子块，跟五花三属的鲜猪肉同炖，松软多脂，别具炙香。有时约上三朋四友来小酌一番，说是可以沾一点喜气，被请者没有不欣然而来的。

广东也是最讲究吃烧猪肉的省份，而且选料火功两皆拿手。他们选用不超过十斤重的仔猪非常严格，宰杀收拾干净后，撑开挂在墙上风干，用一种特制工具——前尖后钝中空的小钢扦子插成若干小洞，然后用腐乳汁、豆豉汁、甜面酱里外连涂带搓，让味深入肌理（用作料忌用酱油，否则肉味带酸）。有的用明炉烤，有的用暗炉烤，比起北方用钢叉子挑起来烤，既烤得均匀又省气力。不过广东烤乳猪，皮涂油抹作料，皮脆而滑，若是超过三十公斤较大猪只必定先行声明不是乳猪，肉一离烤炉，必须立刻大嚼，稍一迟延皮就回软无法下咽。后来仿照北方烤法不抹作料，皮上凸起微粒，起名叫芝麻皮，脆而且酥就不易回软，蘸海鲜酱或蚝油吃，是下酒的无上隽品。

梁太史鼎芬好啖是出了名的，他有一味拿手菜"太史田鸡"传授给广州惠爱街玉醪春，那家只有三五座头的小吃馆居然在几年之间变成雕梁粉壁的大酒楼。广州黄黎巷有一家莫记小馆，他学了梁太史家烤乳猪，所用酱色跟蒜蓉都有不传之秘。据梁均默（寒操）先生说："莫友竹老板原本是风雅人，用家藏紫朱八宝印泥一大盒，才把梁太史这套手艺秘方学来。莫家小贩从此就以烤乳猪驰名羊城而生意鼎盛起来。"后来梁大胡子家又把烤乳猪秘方传给蒯若木家的庖人大庚，蒯住北平翠花街，大庚烤乳猪的手法，跟一般烤法并无差异，可是入口一嚼，酥脆如同吃炸虾片，的确是一绝，蒯老也颇以此自豪。

一九七六年我到泰国去旅游，舍亲知道我是好吃的馋人，特地请我在珠江大酒楼吃饭，主菜就是烤乳猪。十斤不到的仔猪红炖炖、油汪汪、香喷喷，皮酥肉嫩，香脆无比。调味料咸中带酸，带点柠檬味的果香，别有一番风味。泰国饭食原极注意调味料，就是随便小吃，桌上也摆满小碟小碗各式各样咸甜酸辣作料，席面上有烤小猪，算是上等酒筵，自然调味料就更考究了。

台湾几家广东大酒楼，除了烧猪肉之外，也有零拆明炉乳猪卖，因为台湾无论冬夏湿度均高，烤肉出炉挂在烧腊架上，只要超过一小时，皮一吸湿，吃到嘴里炙香全失，就不够味了。所以在台湾省虽然吃过几次明炉烤乳猪，价虽不菲，可是令人颇为失望。回想在大陆，无论在京津或是广州上海，吃明炉乳猪绝无出炉即皮软不脆现象。尤其北京炉肉出炉三五小时，吃起来仍然是脆嘣嘣的，十之八九是碍于气候因素，是不关手艺的良窳的。

白肉馆——砂锅居

北平有一家小饭馆，开在西四牌楼缸瓦市大街东路，门面简单狭窄，慕名前往的人，时常当面错过。北平市内大小饭馆饭铺林林总总，真是不计其数，可是专在猪身上动脑筋，除了"口子上大师傅"（北平有一种厨行，每天一清早就到清茶馆喝茶等候主顾，专应红白喜事。因为价钱便宜，所以专在猪身上找，有人叫他们猪八样，又有人叫他们跑大棚的）以外，砂锅居要算独一份儿了。

据老一辈儿的人说，乾隆年间有一位亲王，唯一嗜好就是喜欢吃猪肉，于是物色到一位名厨，叫他用各式各样烹调方法，全离不开猪肉，让这位王爷痛快淋漓地每天大嚼大啖。因此天天都要宰头肥猪来侍候王爷的膳食。王爷虽然爱吃猪肉，可是那位王爷食量比不上汉高祖的猛将樊哙，享用之余，余下的肉，厨子开了后门给自己找外快，给猪肉找出路啦。他想出的方法很巧妙，串通府里侍卫们，靠近府门侍卫执勤室开了两扇后窗户，窗外就是王府外墙，压了几间灰棚，算是开一个雨来散的小菜馆。日子一长，谁都知道清茶馆里头有肉吃，侍卫室不能大锅大灶，都用砂锅小灶来做，所以大家管它叫作砂锅居，其实人家有正牌匾的。

去春在台北某次宴会，庄严兄曾问在座各位，砂锅居正式名字叫什么，当时谁也说不上来。过了很久有位朋友说，砂锅居原名和顺居，据说原来的匾还挂在正屋里，是道光进士文华殿大学士倭艮峰（仁）写的，不过大家都没注意罢了！

砂锅居虽然在北平小有名气，是唯一专

卖白肉的白肉馆，可是笔者一直没光顾过。一则是对全猪席觉得过分单调没有兴趣；二则是一走近砂锅居，总觉得有股子油腥内脏气味，所以始终没有勇气进去一尝。有一年舍亲李木公携眷来北平观光，久闻清同光时代，早朝散班，各位王公大臣都在砂锅居聚会议事，一定要尝尝砂锅居的白肉滋味如何。在被逼无奈情形之下，于是订了一桌全猪席来舍间外烩，等菜往桌上一端，花色倒是不少，足有三四十样，猪头、猪脑、心、肠、肝、肺、沫沫丢丢，一碗接着一碗地往桌上端，甭说吃，看着闻着都觉得不舒服。真想不出当年军机处衮衮诸公怎么有那么好的胃口，这一桌全猪席最后自然便宜用人们啦。

北平有一位擅长写铺匾的名家冯公度（恕），他病故后，在西四牌楼羊肉胡同开吊，僧道喇嘛尼姑经忏都念全了。北新桥九顶娘娘庙的方丈心宸大和尚跟冯老是方外之交，冯老去世，大和尚自然送一棚经，还得亲自转个咒。九顶娘娘庙是子孙院，和尚不但不忌荤腥，而且可以公开娶妻生子。心宸大和尚魁梧奇伟，实大声宏，食量更是惊人，公事交代完毕，一定找我到砂锅居吃白肉。丧宅跟砂锅居近在咫尺，距离舍下更近，人家从北城到咱们西城来，既然指明要吃砂锅居，咱也只好舍命陪君子，硬着头皮前往。心宸大概跟柜上极熟，堂倌们对大和尚更是特别巴结恭维，在心宸提调之下，只要了三四个菜，每个菜的色香味都跟前次所叫的全猪席完全不同。尤其白片肉五花三层，切得肉薄片大，肥的部分晶莹透明，瘦的地方松软欲糜，蘸着酱油、蒜泥一起吃杠子头（北平一种极硬发面饼），确实别有风味，是前所未尝的。炸鹿尾本来是庆和堂的拿手菜，可是砂锅居的炸鹿尾酥脆腴嫩，不腻而爽，也是下酒的隽品。饭后在铺子前后一蹓跶，敢情砂锅居的后墙跟庄王府的墙是一而二，二而一的。传说中乾隆时代爱吃猪肉的王爷，那十之八九就是当年的庄亲王啦。可惜中厅挂的一块匾，烟熏火燎已经不辨字迹，如果真是倭文端写的匾，那可失之交臂啦。

燕尘偶拾

民国初年，在京津一带还不时兴吃烤肉，因为吃烤肉当时全讲究自己拌作料，自己动手烤，随烤随吃才有滋味。现在台北吃烤肉连拌带烤都让伙计代办，作料浓淡，肉的老嫩，悉听尊便；烤肉支子①离饭座八丈远，馆子怕烟燎子味熏了顾客，还用一个玻璃棚子隔起来。等肉烤好端上来，也不过微有热气，您想想能够好吃吗？

因此您打算吃烤肉就得自己来动手自己烤着吃。说真格的，吃烤肉的架势，还真是

---

① 今多作"炙子"。

有欠文明。穿长衫的，必须脱掉长衫，挽起袖口；穿西装的，一定要宽了上衣，解除领带，否则领带要是让火燎着，没有人赔的。烤肉的时候虽然不必一定一脚踩着板凳，可是也没有斯斯文文坐在铁篦子旁边吃烤肉的，除非您打算不要两道尊眉了。烤肉的吃相既然不太雅观，当初年头又比较保守，所以一般士大夫阶级，就不大愿意尝试了。

彼时吃烤肉比较冠冕点的地方，要算前门外正阳楼。此外就是推着车子串胡同卖烤肉的了，早先烤肉宛哥儿俩，就是推车子下街混起来的。

到了民国二十年左右，民风渐渐开通，一下子吃烤肉大行其道，变成最时髦的吃喝。专门卖烤肉出了名的，全北平一共有三家：宣武门外骡马市大街的烤肉陈，宣武门里安儿胡同的烤肉宛（"宛"读如"满"），后门什刹海义溜河沿的烤肉季。他们三家各有所长，也各有各的主顾。

烤肉陈地势宽敞，招呼周到。烤肉宛支子最老，切肉、选肉都特别精细。烤肉季小楼一角，高爽豁亮，雪后俯瞰后海，景物幽绝，对着雪景，真能多吃几两肉，多喝四两酒。可是烤肉宛宛氏兄弟的老二，有一绝活，他能够一边切肉，一边算账。当时北平还用铜子，几吊儿，几百儿，算得是又快又准，不管有多少客人等着算账，他从来没算错过。后来不知道哪位仁兄替他大大的一宣传，愣说他有一架支子，是明泰昌年间的古董，到现在足足有三百多年了，支子老，油吃得足，肉不粘支子，因此肉烤出来特别好吃。大家受了好奇的影响，都一窝蜂拥到烤肉宛来吃，久而久之烤肉宛成了一枝独秀，不但盖过陈、季两家，而且变成无人不知、无人不晓。甚至洋人到北平来观光，如果赶上寒冬腊月，烤肉宛也列为必吃的项目。

　　要说烤肉宛的座位，实在是有欠高明，把着安儿胡同西口，两间门脸儿的破瓦房，一进门靠南间斜对角放着两架铁支子，所谓明代老古董的铁支子，一架叫东边的，另一架叫西边的。

在从前烤肉是只卖秋冬两季的，一交立秋，支子一升火，就有人赶着到烤肉宛抢先尝新去了。您一进门，宛老大首先问您东边还是西边，如果您说东边，他就给您记上东边，马上喊一声东几号，您就算登记上东边第几号了。甭管多么挤多么乱，绝对不会有窜号换号一类情形发生。可是排了号之后，屋里有破椅子破凳子，您要在烟熏火燎的小屋里等着。假如您有事出去一趟，或者到门口透透气，宛老大立刻喊声"销号"，您再进去，号码重排，绝不通融。

敌伪时期，王克敏沐猴而冠，当了"冀察政务委员会"的委员长，虽然是日本人的走狗奴才，可是对待老百姓，依然是盛气凌人、颐指气使、不可一世的态度。有一天雪后新霁，王的爱宠小阿凤，忽然心血来潮，想到烤肉宛吃顿烤肉，尝尝是什么滋味。那种地方小阿凤如何受得了，可是王瞎子对于小阿凤向来是奉命唯谨怎能拂逆，于是带着随从保镖大队人马，浩浩荡荡直驰安儿胡同来吃烤肉。宛老大一看这种势派，知道来的是位大佬，于是赶忙过来招呼。王某当然是吃东边的，登记了东边的第七号，屋里地窄人稠，加上烟熏火燎，他们这伙子人马，自然经受不住，纷纷退出了这座破瓦寒窑，抽烟的抽烟疏散的疏散，有的躲在小包车里避避寒聊聊天。约莫过了半小时，再进到屋里看看轮号轮到他们没有。可是人家宛老大不管三七二十一，照着老规矩把他们一行的号码，又顺序排下去二三十号。这一下可把小阿凤惹翻了，大发娇嗔。王瞎子一看宠姬火啦，跟着也大发雷霆，副官随从，自然狐假虎威，一个个横眉竖目，闹得不欢不散。正打算一拥而上把宛老大好好修理一顿的时候，不料人群里走出了一位大汉，此人姓吴名菊痴，早先不过是偶或登台票票戏、写写剧评的记者，可是自从华北一沦陷，有名的记者不是随军南下，就是藏起来不露面了。此地无朱砂，红土子为贵，吴是唱武生的票友，任何色彩都没有，他经新民会一拉拢，首先加入。

此人既无机心，头脑单纯，反倒成了文化汉奸里大红人啦。他一走过来，就冲着正发脾气的王克敏似笑不笑地开腔了。他说大东亚共荣圈最讲究新秩序，一切都要分个先来后到，我们几个人是同着日本宪兵队佐佐木大佐来吃烤肉的，也得挨着烟熏顺序等着，您要吃就请您往后排吧。王瞎子一看情势不妙，众多排号的吃客，又怒目而视，他知道众怒难犯，赶紧见风转舵，打了退堂鼓，率领手下一干人等，拥着小阿凤狼狈而去，烤肉也不吃啦。第二天华北地区大报小报，都隐隐约约刊登这段趣闻。当时有位记者叫张醉丐，文笔非常犀利，时常有尖酸俏皮的文章给各小报写方块，他把烤肉宛写成不畏强权的宛氏双雄。事隔三十多年，现在想起来依然觉得既痛快又可怜又可笑呢。

烤涮两吃，经济解馋

远洋连续吹来几阵寒流，节过小雪。台北的气候，才刚有寒意，可是敏感的绅士淑女，已经陆续换上了冬装，饭馆里也都添上各式各样的暖锅招徕顾客了。

记得当年在大陆，一交立秋，东来顺、西来顺、两益轩、同和轩一类回教牛羊肉馆，立刻把"烤涮"两大字的门灯，用光彩的小电灯围起来，欢迎喜欢尝鲜的人驾临了。

北平牛羊肉馆虽然烤涮都卖，可是客人一进门，堂倌总要问一句，您吃烤的还是涮的？换之烤涮两吃，大不相同。吃涮锅子以羊肉为主，什么"上脑儿""三叉""黄瓜条"，加上腰、肝、肚子，光是从羊的身上找，能叫出十多种名堂来。扇个锅子，火势熊熊，热水滚滚，完全是君子之交，淡淡如也。要得汤好，您得多往锅子里续肉片，肉多汤自然肥腴鲜美了。吃锅子的作料，酱油、高醋、卤虾油、红豆腐卤汁、麻油、辣油、韭菜泥之外，讲究的馆子还要准备一点麻楞面儿（不加盐的花椒粉，饭馆里叫"麻楞面儿"）。因为不管多好的绵羊，总是带点膻味，调味料里加上点麻楞面儿，则腥膻之气就全解啦。

涮锅子要一片一片涮着吃，才能老嫩得当，甘肥适口，增加吃锅子的情趣。要是碰上同席是不管滋味专讲快的朋友，整盘子的肉往锅子里一倒，不管生熟老嫩，就夹出来大啖一番，那可就大煞风景了。

记得北洋时期有位国务院秘书长恽宝惠，不论在家出外，大宴小酌一律不用筷子，而用手抓。他吃涮锅子，照例是整盘肉片往锅子里一倒，热汤滚沸，他老人家自然无法伸手下锅，于是立刻用汤勺将肉捞进碗里，用手抓来大嚼。所以当时政坛大老，酒会应酬，都怕跟恽秘书长同席。当时国会议员乌泽声，时常跟恽老同席吃涮锅子，每次他必定让堂倌关照灶上，来一大碗白菜粉条汆羊肉片，让恽老一人独哒，而恽老也颇怡然自得，毫不生气，说这是两便吃涮锅子。这件宦海逸闻，现在知道的人恐怕不多了。

吃烤肉从前是以牛肉为主，吃烤羊肉的不能说没有，不过少而又少罢了。当年北平最著名的烤肉宛、烤肉陈、烤肉季，最初都是推车摆摊的小本经营，预备的调味料因陋就简，也不齐全。就连鼎鼎大名的正阳楼，吃烤肉的调味料，也不过是酱油、米醋、清水、大葱、香菜三几样而已，自烤自吃，虽然显得粗犷，不够文雅，可是也有一种骀荡恣肆的豪情。老一辈的人吃烤肉，不嚼蒜瓣，不放辣椒。他们说站在火旁边随烤随吃，喜欢喝两杯的，再来上四两"烧刀子"，火气已经够大了，再吃大蒜辣椒，那就等着闹口疮嗓子痛吧！所以北方人虽然嗜食大蒜，可是吃烤肉，大蒜就免啦。

光复之后第二年冬天，台湾有卖烤肉的，有位朋友忽然想起吃烤肉来，笔者为了给大家解馋，于是让工匠们做了一个支子，工人因为没见过支子是什么样，所以怎么指点做出来仍旧不是那码子事。上面是密密麻麻的一根根围炉条，用牛油擦了又擦，居然不漏汤可以将就用了，于是在舍下后院里，架起支子，大烤特烤。大家自然吃得津津有味，到现在还有朋友乐谈这件趣事呢。

后来厦门街萤桥淡水河畔，开了几家露天烤肉，那时大家刚来台湾，大陆的烤肉是怎么回事，也还有点印象，客人也是吃过烤肉的，宾主印象犹存，所以一切还不离大谱儿。自从萤桥露天市场取消，好像只有李园卖过一阵烤肉，后来因为改组也就收歇不卖烤肉了。最近几年经名票吴兆南提倡，烤涮牛羊肉似乎又勃兴起来，而且花样翻新，烤涮两吃一百几十元管够管饱。每家烤涮餐馆讲排场、论陈设、谈布置，都是紫翠丹房、珠帘玉户，比起萤桥露天烤肉的竹篱茅屋，简直不可同日而语了。

现在台北烤涮两吃的餐馆，谈吃涮的，每人奉上一只生鸡蛋，是给您打散掺在调味料里的，这是从吃日本鸡素烧学来的。烧焦了肉片蘸上生鸡蛋，冷热一均衡，可以不烫舌头，倒是法良意善，可惜真味全失，跟从前涮锅子的味道不同。笔者每次去吃，总是把个人应得的一枚，打到锅子里当卧果儿吃。有一回邻座几位女士笑我土包子不会吃，可是我觉得热汤热水卧个鸡蛋吃，比打碗黏糊糊腥不拉儿的调料要好吃多了。口之于味，各人喜爱不同，那是没法子勉强的。

再谈吃烤的吧！烤肉跟涮肉正好相反，一说吃烤的，是指牛肉而言，就如同说吃涮的，是指的涮羊肉一样，没听说涮牛肉的。

至于牛羊两来，那是抗战以后才兴，以前是互不混淆的。台湾吃烤肉作料可太齐全啦，除了大陆吃烤肉应有的作料外，有大白芹、包心菜、生菜丝、洋葱片、绿青椒、西红柿、柠檬汁、生姜水、腐乳汤、辣椒酱、糖浆、蒜液；至于肉类，更是五花八门，除了牛羊肉外，还有鸡雉鹿獐等。肉类自选，作料各随所需，可是烤肉要原碗递给头戴白帽、身穿白衣的师傅倒在支子上去烤，不能亲自动手。师傅固然都是烹调妙手，三下五除二，迅速简捷，往原来装生肉的大碗里一拨弄，您拿着烤肉回座品尝吧！

像我们一些从大陆来的老八板，任你珍错毕备，仍旧我行我素，肉类旨在牛羊，作料只取香菜、大葱、酱油。可是要由技擅易牙的大师傅代烤，火候老嫩，不能随心所欲，还要回到原桌去吃，总觉得比站在支子旁边随烤随吃，滋味不太一样。尤其生肉碗再盛熟肉吃，想起来总有点不太对劲，如果能把烤肉另换新碗，那就尽善尽美啦。当年在北平烤肉，总是来碗小米粥，或是到咖啡馆来杯浓咖啡去去油腻。现在台湾的烤涮两吃，吃完烤肉，喝碗锅子汤，油腻也消啦，这种大吃小会钞①的吃法，在目前来说，可算最经济、最解馋的办法啦。

---

① "会钞"，即结账。"大吃小会钞"，即花小钱吃大餐。

怎么样吃烤肉

　　有一位在抗战之前我就认识的日本文友来台观光，四十年不见，他特地来舍间叙旧。当年我们是烤肉常客，自然而然就又聊到吃烤肉上去了。他说："当年在北平，正阳楼、烤肉宛、烤肉陈，真是肥酿柔滑，一直到现在还觉着醺醺有味。此次来到台湾，想起往事，颇想重温旧梦，谁知吃了几家蒙古烤肉，似乎全不对劲，可又说不出所以然来。"问我那是什么缘故，我说："咱们当年在北平，吃的是北平烤肉，没有一家是以蒙古烤肉来标榜的。至于真正的蒙古烤肉，我于民国十六年去百灵庙，在德王府吃过一次蒙古烤肉。

用钢叉把大块牛肉叉起，用炭火来烤，等烤到了六七分熟，大家自己就用带的解手刀，觉着哪一块好，割下蘸花椒盐巴来吃。这种吃法，不但你们外国人不习惯，就是我们也觉着不合口味呢！"

北平人吃烤肉，虽然起源于蒙古，可是由元朝到明朝就渐渐汉化了。清朝初年，烤肉是一种推着车子沿街叫卖，连摊子都没有的小买卖，光顾的客人多一半是贩夫走卒，很少有衣冠楚楚的人站在路旁吃烤肉的。先伯父告诉我，到了光绪年间才有摆摊子卖烤肉的。

北平风气保守，到了民国十三四年，妇女们还没有吃烤肉的。有一次我陪舍亲母女到正阳楼吃螃蟹，她们久住哈尔滨，读的又是俄文，生活习惯跟俄国人差不多，不像中国妇女那样拘谨，看见天栅底下有一张粗方桌，上面架着一只钢炭盆，炉火熊熊，正有几位仁兄，脚登板凳，手拿酒嗦子，正在那里边喝边吃烤肉。舍亲的小姐愣要试试，于是她就加入烤肉行列，摹仿人家，也脚踩条凳，大吃起来。第二天，小《实报》的管翼贤还把这件事登了出来，可见北平妇女吃烤肉，不过是民国十四五年才有的事呢！

北平人吃烤肉，一定是吃牛肉，很少有吃羊肉的，吃涮锅子，那就必定是羊肉片，也没用牛肉涮的；至于吃火锅牛羊肉两下锅，那是东北人的吃法，北平人是不采取的。

北平大师傅切牛肉，都是专家，一个冬天切来，足够一年开销，他们切肉的刀，全是自备，不准别人借用的，大师傅手艺欠佳，才好改用电刀呢。实际上，手切与电刀切有很大的差异，真正美食家一尝，就分别得出来。此地烤牛肉没有北平烤牛肉好吃，主要原因是大家都用电刀切肉。

台湾现在烤肉很流行，家家都以蒙古烤肉来号召，一家比一家噱头足，如果称之为台湾烤肉，我不敢反对，如果说是蒙古烤肉，那简直是欺人之谈了。

现在台湾卖的蒙古烤肉，都是烤涮两吃，先烤后涮。烤肉片是放在一玻璃柜子里，各有塑胶牌注明，鸡肉、雉鸡肉、猪肉、野猪肉、牛肉、羊肉等等，任客自取，在灯光照耀之下，看起来真是博硕肥腯，冷玉凝脂，让人垂涎欲滴，没有吃过的人，总想每样都要鼎尝一脔，试试滋味如何，自然各种肉类都要夹两箸子。等夹完肉，就该夹蔬菜了，椒芷芳酊，各味具全，什么青椒丝、包心菜、胡萝卜、西红柿、芹菜叶、洋葱片、大蒜头等等，夹完之后，最后还要夹上了一撮子香菜。最后要加佐料，式样更多，有豆腐乳、虾油、酱油、白醋、麻油、柠檬水、糖水，还要加点沙茶酱，碗里此时真是满帮满底，顶天盖地，然后交给大师傅往支子上一倒，十之八九佐料过咸，大师傅只好往上浇点凉水，咸淡老嫩，那就全操之大师傅手上啦！如果您想像北平吃烤肉，站在支子旁边，自己边烤边吃，那您准得碰钉子。吃完烤的，该吃涮的了，请您想一想这时候就是再勉强吃上几箸涮肉，回到家里，肚子里牛羊混杂，又烤又涮，在肚子里一折腾，心里好受不好受，只有天知道了。

北平吃烤肉佐料，只放酱油、大葱、香菜，连米醋麻油都不放，如果怕火气，可以来两条洞子黄瓜吃，像正阳楼等饭馆子，您吃完烤的，这时候螃蟹还没下市，您可以来一碗多加酸的尜大甲来醒酒化滞，准保吃得舒舒服服。要是说加青椒、白菜、洋葱、西红柿，以为是吃蒙古烤肉的正宗，请想在蒙古遍地黄沙，到哪里买各式各样的青菜去呀！所以我说台湾吃的是台湾式烤肉，跟蒙古烤肉沾不上边儿，就是跟北平的也不一样。

日本朋友听了我的话，才恍然大悟。后来他跟我一块儿吃过几次烤肉，照我的方法用佐料，才算吃到北平式烤肉滋味了。

北平的羊肉床子

北平是六代皇都，雄伟壮丽，内外城幅员广袤，人口固然众多，居住却显得非常松散。虽然东西南北中各有几处鱼肉蔬菜杂陈的大菜市，可是北平人日常饮食简单朴实，不是接待亲友延宾请客，是很少跑到大菜市买些珍错鱼虾自己大嚼一顿的。每餐有点小荤，就觉得很不错啦。因此三五条街百十户人家，必定有一家油盐店带菜魁，一家蒸锅铺，羊肉床子斜对猪肉杠，大概一日三餐的伙食，就可以备办整全啦。最奇怪的是猪肉杠跟羊肉床子，总是斜对面，很少开在并排的，究竟是什么缘故，就连当年"北京通"

金受申也说不出所以然来。

　　大的羊肉床子，每天总要宰上十只八只大尾巴羊。一清早清真寺的阿訇就来了，诵完经后，宰割剥皮。当年笔者在崇德中学念书的时候，每天必定要经过西单南大街牛肉湾，把口儿的一家羊肉床子，天天这时候刚好把去头剥皮的羊，一只一只往钢钩子上排。羊肉床子百分之百是伊斯兰教朋友开的买卖。北平早年有千猪万羊的说法，牛肉似乎不在日常肉食之列，除了论斤卖生羊肉之外，偶或也有兼卖牛肉的。一般小一点的羊肉床子还附带卖蜜麻花、豆沙烧饼、羊肉包子，按季节不同还卖烧羊肉、羊杂碎、羊双肠，最令人不可思议的是还卖明目羊肝丸。酱牛肉酱羊肉一年四季都有得卖，烧羊肉可要等丁香开花、花椒结蕊的时候才上市呢！

　　烧羊肉是夏季最受人欢迎、爽而温润的美肴。先用老汤把羊肉烧烂，然后在滚热香油里淋过，淋的时间长短，攸关肉的老嫩，

230

能否做到外焦里嫩，那就要看案子上的手法了。烧羊肉多半是下午的三点钟出锅，把烧好的羊头，用一张菜叶塞在羊嘴里往钢钩上一挂，就是告诉大家，烧羊肉出锅啦！烧羊肉说是全羊，其实以羊脸子、羊信子、羊腱子、羊蹄、羊杂碎几种最好吃。凡是到羊肉床子买烧羊肉的顾客，多半自己都会带一口小锅去，为的是要点肉汤带回去，仿佛买烧羊肉不要点汤，就显着您是砂锅安把——怯勺啦。烧羊肉汤放点鲜花椒蕊，拿来拌面吃，香泛椒浆，缥清味爽，是夏令食谱中清隽妙品。

羊肉床子附带卖的羊双肠，也是别具风味的一种小吃。双肠是用羊血拌和羊脑，灌在羊肠子里做成的，多在每天的上午出售，也就是在清晨捆羊不久（穆斯林不说"宰羊"，而说"捆羊"）。双肠买回家后洗净，放盐水中略煮，然后切段，用芝麻酱、酱油、香醋、香菜拌来下酒，是喝早酒的美肴。穆斯林不吃血类，所做双肠是专门卖给大教人吃，他们自己是不动的。

羊肉床子卖的蜜麻花，以西四后泥湾洪桥王家炸的最好。洪桥王的麻花炸得酥而且透，润不见油，蜜也裹得匀，不粘牙不腻人。听说日伪时期，糖蜜均列为军用统制物资，蹬三轮儿的，汗出得多，缺少糖分，蹬起三轮就觉得有气无力，据说两个洪桥王的蜜麻花一下肚，立刻精神抖擞，气力倍增。后来洪桥王规定，一个下午只卖三百件蜜麻花，油锅还没凉透，蜜麻花已经卖光了。后来的人只好买几只豆沙烧饼啦，虽然没有蜜麻花甜，可是在白糖缺乏时刻，能吃到甜豆沙，也算不错了。

羊肉包子蒸好一出屉，嗜者说香闻十里，怕膻的人，简直要掩鼻而过。笔者虽然吃羊肉，可是对于羊肉包子的腥膻实在不敢领教。我有一位朋友 John Mitt 是高加索人，他猪肉牛肉都不进口，只吃羊肉。他说可惜北平

232

的羊肉嫩虽嫩，却丝毫没有膻味，吃起来实在不过瘾。有一次他经过一家羊肉床子，正赶上新出屉的包子，他认为那才是羊肉的正味。去年我在加州一个饭馆进餐，邻座一位客人，点了一客烤羊排要越肥越膻越好，我才了然有些人吃羊肉，就是吃它的膻味呢！

从前北平有两家以酱牛肉、酱羊肉、烧羊肉驰名中外的老店。一家是前门外门框胡同的德盛斋，他家以酱牛肉出名，一间小巧玲珑朴素无华的门面，若非知道内情的人，断难看得出每年若干酱牛肉从这里运往全国各地，甚至远及欧美各国。有些吃过他家酱牛肉的外国朋友说："德盛斋的酱牛肉夹面包，其味香醇咸淡适口，比汉堡、热狗都好吃。"可见口之于味，中外同嗜，真正好吃的饮食，大家都喜爱的。

在前门里公安街有一家专卖烧羊肉酱羊肉的月盛斋，它跟市警局比邻而居，走到警局门前，即可觉得香雾噗人、肉香四溢了。

据说月盛斋有一锅老汤，是前明留下来的，每天烧开一次，从未间断。这个老汤锅，五年换新一次。传说在抗战时期，月盛斋作坊后院，堆了有上百只大铁锅，在抗战末期，日本人到处搜刮五金材料，月盛斋大铁锅在为"大东亚共荣圈"牺牲奉献口号下，全部报销啦。所幸日本华北驻屯军有几位高级将领，对月盛斋的酱羊肉颇有好感，因此那锅历经多次改朝换代的老卤原汤得获保存。抗战后回到北平，月盛斋的酱羊肉居然原汤原味毫未走样，而带到外地送人的行匣，反而做得更为精巧大方。

前些时有位侨美多年的好友，以洋人身份回北京探亲，正赶上月盛斋悬匾复业。可是老卤已无，想吃当年沉郁缥清滋味的酱羊肉已经渺不可得了。

看到鲜花椒蕊，想起来了烧羊肉

来到台湾将近三十年了，不但没吃过鲜花椒，而且也没看过花椒树，跟人家一打听，才知道胡椒、花椒台湾都不出产。后来高雄农业改良场从国外引进几株胡椒幼苗，经过几年细心的培育，已经结实累累，虽然甘平青辛程度不足，可是总算我们自己已经能够出产花椒了。

因为产量太少，您想吃点清新麻辣的鲜花椒蕊，还是办不到。前两天有位朋友从台东屏东交界的寿卡来，送了我几枝鲜花椒蕊。据那位朋友说，他在大武山区经营一座小型农场，鉴于此地没有花椒树，前几年去印尼之便，带了少许花椒种子，经过六七年的努力，现在居然育成了十几株，现在自己可以有鲜花椒蕊吃啦。

台湾近年流行歌曲多如过江之鲫，要让咱叫歌名，实在脑子里记不了那么多，其中有一句"看见沙漠就想起了水"[1]，咱是"看见鲜花椒蕊就想起了烧羊肉"。北平吃东西，都是按时令，不到时令，您就是花钱也没处去买的。就拿烧羊肉来说吧，当初有叫贡王四的，那是以卖蜜供发家，在北平买卖地儿来说，也算是一号人物。可惜他生了一个不成材的宝贝儿子，整天熬鹰、弄犬、遛鸟、养鱼，十足是个败家精的坏子。有一年刚到元宵节，这位大爷忽然心血来潮，想吃烧羊肉。北平东四牌楼隆福寺街白魁，那是多年老字号，烧羊肉是出了名的。在白魁对门灶温借

---

① 出自林玉英演唱的歌曲《沙漠驰情》，由新芒作词，马鼎作曲，原句为"想起了沙漠就想起了你"。

只碗，到白魁买点烧羊肉多带点儿汤，让灶温抻一碗把儿条，用羊肉汤下面，那是一绝。可是这位大爷对白魁的烧羊肉不欣赏，没兴趣，他住在粉子胡同，一定要吃西斜街后泥洼把口洪桥王的烧羊肉。洪桥王的烧羊肉在西城也是赫赫有名的一份羊肉床子，听说他家烧羊肉的老汤，比白魁的老汤还要来得年高德劭。同时洪桥王后院有个地窖，人家每年一过烧羊肉的季儿，一年滚一年，保存的老汤就下窖啦。尤其洪桥王家有一棵多年的花椒树，金风荐爽，玉露尚未生凉，烧羊肉一上市，恰好正是椒芽壮苗，嫩蕊欣欣的时候，凡是买烧羊肉带汤的，他知道准是买回去下杂面吃。（地道北平人有个习气，烧羊肉汤买白魁的一定是下抻条面，买洪桥王的一定是下杂面，南方人说北平人吃东西都爱"摆谱儿"，就是指这些事情说的。）

贡王四这位大爷所以指明要洪桥王不到时令，破格给他特制烧羊肉，就是大爷要吃烧羊肉汤下杂面啦。您猜怎么着,洪桥王愣是守着孔夫子的教训,"不时不食"的原则,任凭贡王四来人说出龙天表①、给多少钱也不能破例来做,贡王四拿他一点办法也没有,从此成了一句歇后语:"洪桥王的烧羊肉——不是时候。"

胜利第二年,笔者回到北平,正好赶上烧羊肉刚刚上市,多年没吃过烧羊肉啦,少不得要光顾一下洪桥王,老满巴(掌柜的姓满)虽然白眉皓发,牙齿枲兀,可是神采隽朗,词情豪迈,一见面立刻认出是老邻居出外多年回来啦。大铜盘子仍旧是擦得晶光雪亮,羊腱子、羊蹄儿、羊脸子、红炖炖、油汪汪、香喷喷、热腾腾,堆得溜尖儿一大盘子,内柜陈设布置仍然老样儿,丝毫

---

① "龙天表"是新求道人的入道表文,也是一种"天榜挂号,地府抽丁"的手续。"说出龙天表"即"说得天花乱坠"之意。

未改，仅仅后山墙多一幅五尺长吴子玉（佩孚）将军写的岳武穆《满江红》中堂，刚健映丽，已经把洛阳过五十大庆、"八方风雨会中州"的强悍骄倨之气消磨殆尽了。敢情吴玉帅抗战时期虽然蛰居北平什锦花园，日本人威胁利诱，用尽了种种歹毒方法，人家吴大帅愣是辨析芒毫，不上圈套。因为爱吃洪桥王的烧羊肉，所以跟老满巴交上朋友啦，每到烧羊肉一上市，满巴总要亲自去几趟什锦花园给大帅送烧羊肉去。这幅中堂就是吴玉帅兴致来时，笔饱墨酣送给满巴儿的得意之作。

　　胜利之后回到北平，总觉着有若干事物，照表面上看是面目依然，可是骨子里好些东西都有一种说不出的滋味，似是而非啦。就拿吃食来说吧，点心铺的细八件、小炸食、小花糕，甚至庙会的玉蜂面糕，滋味好像都有点儿变啦，跟抗战之前似乎不大对劲儿。只有少数几样还没走样，烧羊肉就是其中之一，仅仅吃了一次非常落胃的烧羊肉、花椒蕊羊肉汤下杂面，因为羽书火急，又匆匆出关，连再吃一顿的口福都没有了。

去年在香港听乐宫楼老板说，北平的白魁、洪桥王，甚至牛街、门框胡同、南小街子几家有点名气的羊肉床子的烧羊肉，早已不做，就连整个羊肉床也都关门大吉。乐宫楼本来想秋天添卖烧羊肉，可是请不到师傅只好作罢。现在想吃烧羊肉不但在台湾办不到，就是在港九也戛戛乎其难了。

北平的红柜子、熏鱼儿、炸面筋

　　提起熏鱼儿、炸面筋，可以说是北平独有的小吃。卖这种小吃的，都是每天下午两三点钟才背着一只漆得朱红锃亮的小柜子，沿街叫卖。虽然吆喝熏鱼儿、炸面筋，其实四月底五月初北方黄鱼上市，他们才熏几条黄鱼用竹签子串起来，一对一对地卖，来应应景儿，至于炸面筋，除了老主顾前一两天预定外，平日要买，十趟总有九趟回您卖完啦。到了后来，有些红柜子根本就不常炸面筋。说实在这种面筋，熏得虽好，口味嫌淡，在用毛豆烧茄子的时候加上几条，那才够味儿呢。因为他们背的是红柜子，所以老北平管这行买卖叫"红柜子"。他们所卖的吃食除了熏鱼、面筋、鸡蛋、片火烧之外，其余吃食五花八门，种类繁多，可全是猪身上的。

他们每天下街，以猪肝销路最好，做出来的猪肝卤后加熏，味道虽淡，可是腴润而鲜，细细咀嚼，后味还带点甜丝丝的。他用闪烁的大片刀，把猪肝切得飞薄胜纸，拿来下酒，虽算不上什么珍品上味，可是微得甘香，腴而能爽。

当年北平家常住户儿，谁家都少不得养一两条巴儿狗，或是长毛狸花子，这类猫狗都爱吃红柜子卖的猪肝切成碎末拌的饭。有些人家甚至于跟卖熏鱼的讲定规，每天固定送多少钱的猪肝来供养自己的爱物，而且是风雨无阻一天不断呢。

猪头肉是他们卖的主要肉类，配合着他们卖的发面片儿火烧，在酒刚足兴，来两个片儿火烧夹猪头肉，酣畅怡曼，既醉且饱，也不输于元脩玉食呢。

他们熏小肚儿做法滋味也跟盒子铺卖的不同，因为卖熏鱼的虽然是个人小本经营，可是从古到今都是同一锅伙（北平又名"作坊"）大批熏卤出来的。谈到做熏腊吃食，长江、珠江流域多半是用红糖或茶叶来熏，只有黄河流域才是用锯末子熏（早年没有洋锯、电锯，北平各大木厂子都雇用几名"拉大锯的"，把原木或木枋支起一半，木材上方站一位，木材下方站一位，您拉我推，一会儿工夫地下就是大堆锯末子）。据说用什么树的锯末子来熏鱼，还有讲究呢！最好是榆树，再不就是杉木；柳树有青气味，白杨后味带苦，锅伙里熏肉都摒而不用的。

北平人喝晚酒，也就是现在所谓消夜，冬天讲究买羊头肉、蹄筋、羊眼睛下酒，粗放一点的朋友爱吃驴或钱儿肉。到了夏天，喝晚酒的朋友就都喜爱买点红柜子上的猪耳朵来下酒啦。他们熏的猪耳朵骨脆而皮烂，咸淡适中，最宜于低斟浅酌。当年有位记者张醉丐，就是每晚四两白干、两毛钱熏猪耳朵，边吃边喝写稿子的。

北平的土话管鸡蛋叫"鸡子儿"，一般卖熟菜的，不是盐水煮的就是卤水里卤的，要吃熏鸡子儿，只有红柜子卖的鸡子儿，才算是真正独一份的熏鸡子儿呢。

北平人讲究吃大油鸡子儿，偏偏他们的熏鸡子儿，小而又小，简直跟鸽子蛋大小相差不多。您要是问他们为什么专挑这么小的鸡子儿来熏，他们还有说辞，他们认为熏鸡子儿是先煮后熏，鸡子儿个儿一大，熏不透，夹火烧就不好吃啦。他们说的话也许有点道理。当时摩登诗人林庚白在北平的时候，每月总要有一两次到周作人的苦茶庵去谈诗论文，每次必定要带点熏鸡子儿、片儿火烧，另外在东安市场买一扎保定府特产熏鸡肠去。苦茶庵有的是各种茗茶，酽酽地沏上一壶，火烧夹熏鸡子儿另加鸡肠一根，清醇细润，香不腻口，配上柔馨芬郁的苦茗，两人都认为这样啜苦咽甘，比吃上一桌山珍海错还来得落胃。

当年北平玛噶喇庙里就有一处卖熏鱼炸面筋的锅伙，昆曲名家俞振飞从上海到北平，加入程御霜的秋声社担任当家小生的时候，就住在玛噶喇庙，跟一群卖熏鱼的锅伙结为芳邻。俞小生偶然发现锅伙里熏鸡子儿，熏的味道特别，向所未尝，许为异味。有一天程砚秋到俞的住处走访，程的酒量是梨园行久著盛誉的，两人对酌，有酒无肴岂不大煞风景。俞五儿灵机一动，临时到锅伙，切了几样熟食来下酒，碰巧正赶上对儿虾上市（明虾，北平叫"对儿虾"），卖熏鱼的在对儿虾大市的时候，偶或也熏几对大虾来卖，多半是熟主顾预定，不是熟人很难有现货供应的。程砚秋一尝之下，认为熏对虾下酒，比两益轩的烹虾段，还要来得清美湛香。从此红柜子上的熏对虾，还走红了一阵子呢！

卖熏鱼儿的还外带卖苦肠[①]，有些养猫狗的人家，如果自己的爱物喂惯了苦肠，假如赶上连日狂风暴雨，卖熏鱼儿的没下街，小猫小狗又挑嘴，没有苦肠不吃饭，那就有劳它们的主人移樽就教，到锅伙里去买苦肠啦。当年名净金少山一只猴、一条哈巴狗，都是吃惯苦肠的，不得已只好冒着风雨，移樽就教了。所以北平卖熏鱼儿的锅伙，金霸王都摸得一清二楚的。

　　卖熏鱼儿的这一行，究竟供的是哪位祖师爷，咱们虽然不知道，可是论行规，讲义气，确实可风末世。第一，一个锅伙有多少红柜子是有固定名额的，若参加一定要填空补实，下街串胡同每人都有自己的辖区，不作兴乱窜乱闯的。第二，卖熏鱼儿柜子里，凡是猪内脏，可以说应有尽有，唯独不卖腰子，据说是祖师爷留下来的规矩，究竟是什

---

① 猪小肠接近胆囊的部分，因略带苦味而得名。

么始末根由，就问不出所以然了。北平旧世家中，有一家叫钟杨家的，据说清代内廷所用的钟表，都由他来供应。抗战前他家有位公子喜欢抽签，只要卖熏鱼的胡同里一吆喝，他必定把卖熏鱼的叫到大门里二门外，抽两筒真假五儿、大小点什么的。有一天他心血来潮，想让卖熏鱼的给熏两对猪腰子尝尝，虽然是极熟的老主顾，可是人家格于行规，杨大爷许下另外送他一只闷壳金表①，人家也没答应，足证人家行规有多么严格啦。第三，卖熏鱼儿切肉用的刀，前圆后方，薄而且大，钢口特强，虽然是铁器铺定制，可是钢刀开口之后，刀口用钝了，必须自己珠切象磋一般细心地琢磨。如果交给磨剪子磨刀的一磨，那就犯了严重行规，视为大忌。第四，每个锅伙出来的红柜子，下街吆喝，一个锅伙一个味，他们自己一听，就知道是哪个锅伙的

---

① 闷壳表，即怀表，因其表盘蒙在盖内而得名。

人，不会混淆的。北平有位说戏迷传的华子元，有时也来两段单口相声，他能把卖熏鱼儿吆喝声音，分出十多种长短低昂的声调来，这段玩意儿在台湾可能已经失传啦。

总而言之，红柜子卖熏鱼炸面筋的，虽然谈不上什么调和鼎鼐割烹之道，可是三五友好凑在一块儿，提起熏鱼儿炸面筋，多少还带点儿渺渺乡愁呢！

北平小吃羊双肠 [①]

　　不是土生土长的北平人，大概都没吃过羊双肠。外地人可能连这个名词都没听说过。羊双肠只有羊肉床子有的卖。一年四季只有夏天卖，究竟什么道理，曾经请教过回教长老，也没说出所以然来。

　　这个别具风味的小吃羊双肠，是用新鲜羊血跟羊脑羼和一块，灌入羊肠子里做成的。因为每个羊肉床子每天屠宰羊只有限，物以稀为贵，所以每天做的羊双肠，一做好就被人一抢而光。您打算吃羊双肠，都得头一两

———————————

① 　羊双肠，又名羊霜肠、羊肚儿。

天跟羊肉床子预定，在阿訇一清早宰过羊后不久，双肠灌好，您得趁早去买，才能吃得到嘴。双肠买回家后，要先烧好开水，把双肠放入滚水里，用漏勺捞几捞烫熟，捞的手法火候是很讲究的，烫不熟固然不能吃，烫过头不爽不嫩，那就风味尽失了。羊双肠烫熟切成寸半段，用芝麻酱、白酱油、米醋、香菜拌着吃，吃到嘴里更有一种清爽香嫩的滋味。

当年有一群爱好戏剧的朋友，陈绵、熊佛西、刘曼虎、马一民，在北平组织了一个葳娜社 ① 公演话剧，也就是舒舍予笔下所说的"畜生剧团"。大家经过马一民的提倡，马家有个厨子叫梁顺，曾经跟过热河都统马福

---

① 葳娜，即维纳斯（Venus）。葳娜社是 1928 年 10 月成立于北平的学生剧团，先后举行四次公演，剧目包括《悭吝人》《一只马蜂》等；同时在《世界日报》上辟有"戏剧周刊"专栏，共编印五十余期。1930 年暑假后，大部分成员毕业离开北平，遂无形解散。

祥，擅长做羊双肠、炸羊尾。炸羊尾实在太
肥厚油腻，大家只有浅尝辄止，可是剧团的
人对羊双肠可能发生了兴趣，一个月马一民
总要请大家到他家吃一两次羊双肠。羊双肠
虽然不是什么贵重物儿，可是马一民一请客，
总要让梁厨子事先跟几处羊肉床子预定，大
家届时才能大啖一番。

　　有一次，青年会的总干事周冠卿拉了齐
如山一块儿到马家凑热闹，如老对于北平各
种小吃，一向有特别研究的，他吃完梁顺做
的羊双肠，认为家厨名庖，洁美湛鲜，足臻
上味，是所吃羊双肠最够味的一次了。

　　笔者对于羊双肠，起初并没有太大兴趣，
有一天在朋友家聊天吃晚饭，桌上有一碗羊
杂汤，大家喝羊杂汤，可就谈到羊双肠。在
座各位有人没吃过，甚至于更有人没有看见
过，座中有一位客人跟齐如老有世谊，说是
如老曾经吃过梁顺做的羊双肠，可算此中独
一份儿了。同席旧同寅吴子光兄，是位美食

名家，住在安定门分司厅胡同，他说梁顺的羊双肠，他也吃过，好虽好，还不能算独一份儿。他的房东崔老太太做的羊双肠，才是一绝呢！于是约好一天大家到吴府吃羊双肠。果然这份羊双肠端上桌来，的确与众不同。一般做法是把买来灌好的双肠洗净，用漏勺在滚水里捞熟加佐料凉拌。这次吃的是用高汤余的而不是凉拌，吃到嘴里嫩而且脆，石髓玉乳，风味无伦。据崔老太太讲：她的双肠是买回羊肠、脑、血，自己灌的，血多则老，脑多则糜，血三脑七，比例不爽，吃起来才能松脆适度，入口怡然。凉拌缺点是外咸内淡，只能佐酒，她用口蘑吊汤，加上虾米提味，把每节肠衣上多刺几个小洞，下水一余，不但熟得快，而且能够入味保持鲜嫩脆爽。

　　崔老太太不但气韵冲和，体貌涵秀，而且谈吐也颇得体。散席后，笔者偷偷向子光兄打听，他笑着说，谅你猜不出，崔老太就是崔承炽夫人，笔者才恍然大悟：敢情这位双鬓如霜、慈眉善目的老太太，就是名噪一时"美艳亲王"刘喜奎呀！这一餐的羊双肠，如果让龙阳才子易实甫前辈来吃，不知要写出多少奇文妙句呢。薄醉归途，想起当年她在广德楼唱《喜荣归》《罗章跪楼》一类梆子腔，娇嗔笑谑的情景，立刻让人兴起美人不许见白头的感慨。民国三十六七年在台北，时常在永乐戏园听顾正秋，不时跟齐如老碰面，提起"美艳亲王"刘喜奎做的那份羊双肠，颇以未能一尝为憾。

老汤驴肉开锅香

前几天有朋友告诉我，在台北永和竹林路有家北方人开的小饭馆叫来来顺，有驴肉卖，做法分卤煮、椒盐两种，驴肉是从北美直接进口的，每天能卖一百多斤，每斤四百元，顾客以直鲁豫三省人士较多，希望我去尝试一番。谈到驴肉，北方人都有特嗜，尤其鲁东各县更为流行。

当年北平有一种背着木头柜子沿街叫卖熟肉的小贩，分红柜子、白柜子两种。红柜子专卖猪内脏、猪下水，附带发面小火烧、煮鸡子儿，木柜漆得红如渥丹，所以叫红柜子。卖羊头肉、五香牛肉、椒盐驴肉，都属于白肉；听老一辈儿的人说，卖羊头肉、五香牛肉所用的柜子，都是白茬木头不上漆，所以叫白柜子。

至于卖驴肉的，虽然也属于白柜子一行，可是驴肉总归不算一种正常肉食，所以只能用藤条编的筐子，而且掌灯后才准上街叫卖。到了北洋政府军阀当权时期，嗜食驴肉者多，汤锅里天天有驴肉卖，而沿街叫卖小贩卜昼卜夜，就不完全夜行了。

据此中饕餮们谈："驴肉比牛肉味道香腴，含热量高，肉的纤维细而无筋，冬季吃驴肉可以暖肚防寒。"北平卖驴肉的还附带卖驴肾，一律盘在筐底，有主顾买，才拿出来切，因为切出来像铜钱，因此叫"钱儿肉"，切时多采斜切，故此又叫"斜切"。有一广西百色姓廖的朋友，最喜欢吃些稀奇古怪的东西，有一年到北平来探亲，听说北平有汤驴肉可吃，辗转打听到天桥西市场，有一家竹楼茶馆，楼下象棋，二楼围棋，要吃驴肉请登三楼。三楼不过十多个座头，把五毛钱放在桌中间，另再放两毛钱在右手边，伙计就会心照不宣带您下楼到汤锅店里去指什么地方，割什么地方，然后下锅烹炒。因为当年官厅，所谓"段儿上的"，就是警察派出所，对鱼龙混杂的天桥一带管理特严，驴肉可以大明大摆地叫卖，可是汤驴就为法所不许了。廖君并不一定喜欢吃驴肉，只好奇而已，可是看了汤驴作坊惨不忍睹的过程，连竹楼也没敢回，就扬长而去了。

山东潍县诸城，平素只卖猪肉朝天锅，一交立冬，就有所谓牛肉老锅、驴肉老锅上市了，当地人叫"老锅"，其实就是原汤原味。老锅都是深而且大，最少也能炖上二三十斤净肉。锅台前摆满了长条凳，锅内煮的是肥瘦兼备的牛肉或驴肉，油炖炖、香喷喷、热腾腾的，真有引得人闻香下马、知味停车的感受。锅前摆满了瓶瓶罐罐，酸咸麻辣五味俱全，任客自取，锅边四围煨着发面火烧，让肉汤随时浸润着。肉要偏肥偏瘦，汤要油大油小，只要关照掌勺的一声，无不照主顾的嗜好盛好送到面前，让您大快朵颐。有些赶集的朋友，甚至带一瓦罐老汤回去。当年清史馆馆长柯劭忞认为，驴肉老汤加大白菜、豆腐、粉条做成的大锅菜比吃什么上食珍味都来得好吃落胃。

北方乡间有若干地方是不吃牛肉的，在朔风凛冽的冬天，有些富贵人家做一大锅驴肉粉丝白菜，再做几个肉丸子搁在锅里同煮，请家中雇工吃顿犒劳，让他们兴高采烈、狼吞虎咽大吃一顿，第二天的工作必定是特别起劲，而且出活。那都是老汤驴肉的魔力呢！

青岛早年名票李宗义，老生老旦戏都不错（后来下海），他在青岛一次堂会戏上，有一出《青石山》饰演吕洞宾接剑斩狐唱砸了。他跟人打听，说是北平老生里扎金奎对这出

戏有独到之处，而且能把这出戏的龛瓢子①
唢呐唱得特别够味。他于是不惜重金到北平
礼聘扎金奎到青岛来给他仔细说说，他们相
处两个月非常融洽。扎要买一根潍县名产嵌
银丝手杖，他顺便陪扎到潍县去买。有一天
走累了，偶然吃了一次驴肉朝天锅，几两白
干、驴肉老汤泡火烧，把个扎金奎吃得津津
有味，认为这是天下第一美味。他回到北平，
逢人夸赞，后来逗得毛盛戎（毛世来三哥，
唱花脸给世来管事）撺掇毛世来到青岛唱了
一期营业戏，回到北平，毛三说："这趟青
岛收入虽不怎样，可是老汤驴肉泡火烧可啃
足了。"

后来北平梨园行朋友到了山东，都要尝
尝老汤驴肉。现在永和的来来顺有驴肉卖，

---

① "龛瓢子"为伶界对关羽的谑称。因其在演唱时身姿
纹丝不动，此类表演形式又名"坐龛"，在晚清时期成
为昆腔、高腔、京剧舞台演出《青石山》的固定程式。

不知道梨园行有哪几位爱吃驴肉的朋友尝过鲜了。

寒风冷雨开锅香

在台湾吃狗肉是犯禁的，可是自西徂东，从南至北，到了冬令进补的时候，大小城市乡镇，都可以吃得到狗肉。不过卖狗肉谁也不挑明，多半在门口挂着一盏纸灯笼，贴上"香肉"两个大红字，那就是狗肉开堂啦。中国有句俏皮话，是"挂羊头卖狗肉"，大概早在若干年之前，屠狗生涯就悬为禁例了。

春秋时代，越王勾践矢志复国，生聚教训，希望增多兵源，鼓励国人多生壮丁，凡是生男子者赐予一酒一犬，生女子者赐予一酒一豚，足证当时狗肉的身价比猪肉还高。《史记·刺客传》："荆轲既至燕，爱燕之狗屠，及善击筑者高渐离。"既然有以屠狗为业者，史可以证明春秋时代不但不禁止吃狗肉，而且还很普遍呢。

在大陆各省，广东烹制狗肉是全国有名的，此外福建、广西、江西部分地区，也把狗肉视为冬补珍品。据一些屠狗高手说："狗的颜色不一，肉的肥美良窳也就差别很大。狗肉讲究一黑（黑狗最补）、二黄、三花、四白（白狗营养价值最差），讲究吃狗肉的人，都是先选定狗种，自幼饲养，对于饲料的调配，冷热咸淡都照拂得无微不至。随时还要捂摸狗的颈下脆骨勘定狗的肥瘦：如果太瘦，炖出来的肉，味薄无膘；如果太肥，吃不了两块觉得腩而腻人，无法大啖了。"

所以吃狗肉必须选择自家饲养的黑狗，腰头要肥瘦适中，狗龄要两至三月，体重在十斤左右，才膺上选。至于欧西各种名狗如拳师狗、牧羊狼狗、虎头、大丹，尤其是猎犬，都是些中看不中吃的，肉是又粗又柴，皮是韧中带臊。据说一般偷狗贼，除非万不得已，对于洋狗都是不屑一顾的。同样是犯法，卖香肉的对于外国狗，又兴趣缺缺，因此值个十万八万的西洋名犬，到了屠狗市场，身价一落千丈，反而没有土狗值钱，就是这个道理。

屠狗也是有专门手法的，首先要割断其喉管，立刻放血，然后浸入滚水里烫。手法好的，把狗烫到恰到好处，用手一摸，狗毛就连根应手而脱，比杀猪拔毛来得干净利落，而且省事彻底。若是烫得不到家，那就得一根一根地拔。狗肉的吃法很多，但以炖着吃的居多。本省做法讲究多放蒜瓣和大量红标米酒以除腥气；粤闽的做法，以放老姜、葱白为主，除了调味料之外，同时也少不了放些白干酒。炖狗肉一定要切大块而且带皮，才能红炖炖、油汪汪、香喷喷地好吃。爱吃狗肉的老饕们说："吃狗肉要口不发言，食不停箸，不饭不粥，一味到底，才算达到吃狗肉的最高意境。"这些深得个中三昧之言,不是局外人所能领会的。

福建闽西的永定,也是最讲究吃狗肉的县份。当地有当棉被吃狗肉的说法。这句话可分两种解说:其一是穷到当棉被,也要换钱来吃狗肉;另外一种说法,是吃了狗肉浑身发暖,夜晚睡觉,连棉被都不需要盖了。

近年来有医学界的朋友,把狗肉加以分析化验,所得结果,不但荷尔蒙成分不多,就是热量在肉类中也不是顶高的,多吃狗肉并没有什么高度的补益。虽然言者谆谆,可是听者藐藐,你说你的,爱吃狗肉的依旧照吃不误。大概狗肉的诱惑力太大,借着进补为名,多吃几顿解解馋而已。

当年陆荣廷雄踞百粤的时候,狗肉朋友甚多,听说他异想天开曾经做过整桌狗肉全席请客,煎炒烹炸,熘扒烩炖,从头到尾全以狗肉为主。狂啖之余,吃者大悦,所闻如此,是否真有其事就不得而知了。不过以陆之任性好奇，传说可能不假。

最近日本有些影剧界朋友忽然食指大动，似乎有点炫豪夸富的意味。在香港国宾大酒店订了两万美金一桌所谓"满汉全席"，大啖一番，不但轰动港九，就是东南亚各国也都认为是一豪举。如果知道还有狗肉全席，我想他们一定也要一尝异味，所可惜者，香港当局严禁屠狗，如被查拿，严惩不贷。我想香港一般大酒家，谁也不敢以身试法挺身而制，只好让我们那般日本朋友，垂涎三尺，瞪眼着急了。

闲话烤鸭

　　前两天本报有一篇《美国烤鸭风波》的文章，据说美国食品卫生法规定，凡是肉类，必须保持在五摄氏度以下或是六十摄氏度以上，否则就算违反规定，不能出售。北平的烤鸭如果照这种忽冷忽热的温度一折腾，那就不成其为烤鸭了。去年暑假后我曾经到美国玩了一趟，各大都市，不论以山南海北省籍为号召，凡是稍具规模的中国餐馆都卖烤鸭，据说这是尼克松访问北京带回来的"烤鸭风"。

　　当年北平烤鸭以老便宜坊最为出色，他家的鸭子都是自己填的，填烤也有秘不传人的手法，高粱面肥干的比例如何，什么时候渗榨（土语，即黄酒，北平人叫它"干榨"），都是专门伺候鸭子的老师傅的事。鸭子肥瘦，可以用秤来衡量，肉的老嫩，就全凭老师傅在嗉子下的三叉骨上摸摸软硬来决定了，凡是不合标准的鸭子，便宜坊一律宰杀出售，或是卖给其他鸡鸭店，绝不上炉。至于后开的新便宜坊、全聚德，对选鸭子这份工作，因时代的不同，就没有老便宜坊那样认真啦。

便宜坊烤鸭的权威庞师傅是河北完县人，祖孙三代都在便宜坊学手艺，满师后就在柜上效力，一直到年迈力衰做不动了才由柜上给他算大账让他回家，乐享余年。庞师傅平常总说："要吃好烤鸭一定得选个大晴天，鸭子收拾干净后，先用吹针把皮肉相连的地方吹鼓起来，要吹得匀、吹得透，然后把鸭子挂在阴凉的地方过风，让小风把鸭皮尽量吹干，烤出来的鸭皮才能松脆酥美。"有一次他正用吹针吹鸭皮，一位英国客人看见了，愣说发现秘密，说他是在用人工制造空气鸭子，好多卖钱。经他说明，这样做的目的是让烤出来的鸭子皮特别松脆，他才恍然大悟。抗战初期，日本人大量涌进北平，他们食髓知味，便宜坊的烤鸭生意自然鼎盛，可是东洋人那份挑鼻子挑眼儿、盛气凌人的态度，让人没法忍得下去，于是东伙一商量，索性把买卖收歇算啦。从此在北平吃烤鸭，只有光顾全聚德了，年轻一辈人，只知有全聚德，反而不知有便宜坊啦。

那时藏书家蒯光典的侄公子若木住在北平，他虽然也好啖，可是患有严重糖尿病，食有定量，医禁大嚼。他的厨子大庚，烤鸭堪称一绝，反而变成英雄无用武之地了，所以他非常乐意别人借他的厨子做菜。大庚不论到谁家会菜，只要在院里觅见避风地方，用沙板砖临时砌一小灶，就能烤出肥美松脆的鸭子来。蒯老只能浅尝，看见别人大嚼，浓香四溢风味照座，也觉怡然自得。这种烤鸭既非油淋，又非挂炉，可以算是烤鸭中的别裁了。

　　台湾光复之初，山西餐厅设在台北火车站左手边，如果赶上鸭子好、天气晴朗的时候，烤出来的鸭子尚不离谱，很有几分便宜坊的味道。不过一只上等肥鸭将近一桌酒席价钱，不是会吃的熟客人，他们也不敢承应，恐怕人家说他们敲竹杠，等到扩充营业搬到中山堂对面，就很难吃到像从前风味的烤鸭了。状元楼在初开张时，虽然是以浙宁口味来号召，可是有时他家烤出来的鸭子还不错，一位女厨师鸭子片得尤其有尺寸，皮肉分割，颇中规矩。我们几位好吃的朋友，常在一块儿玩，想不到在台湾吃北平烤鸭要光顾江浙馆子，而且是台湾女厨师，真是绝了。当时老正兴的老板罗秋原兄认为我们的品评不囿于省籍观念，罗说，不出三十年在台湾无论哪一省的饭馆，恐怕都是台湾年轻人一代的天下（现在秋原墓草已拱，其言果验）。后来我请林语堂、梁均默两位先生尝过，也都首肯我的品评。

现在无论什么餐馆都卖烤鸭，鸭子片好端上桌，皮肉截然划分者，一盘里顶多三五片，甚至整只鸭子片出来，都是皮肉不分，牙口差一点儿的人简直咬不开嚼不烂，所以不是极熟朋友同桌，凡是烤鸭端上来，尤其是结婚喜筵，只有举箸别顾，不去下箸，免得吃到嘴里嚼不烂、咽不下、吐不出，让自己出丑。

举筷不忍吃鸽子

前几天"立法院"开会，有人谈到最近台北人又一窝蜂地吃鸽子，什么黄焖乳鸽、油淋乳鸽、生烤雏鸽等，台湾鸽子供应量不够，甚至不惜浪费宝贵的外汇，进口洋鸽来供应餐馆，一饱老饕的馋吻。最近台湾中华电视台有人在三重市餐厅吃烤乳鸽，吃出两枚用来记载鸽子标志的套环来，足证现在吃鸽子风之盛，已经到了无论肉鸽赛鸽，一入猎捕者特制的网子，不管它是什么万金名种，或是远程钢翼，一律称斤论两送进庖厨，变成俎上之肉。

我友"北平通"金受申兄，隶籍蒙旗，

据说元朝作战时期，黄沙无垠，连亘千里，军中传书，全赖信鸽，所以对于鹁鸽，不准任便烹杀。后来几位皇帝听信方士谰言，说是每天进食清炖鸽子，可以益寿强身，这下不要紧，搞得大家大吃鸽子，蔚为风尚。灯市口有一大鹁鸽胡同、小鹁鸽胡同，就是元代鸽子的交易市场。到了抗战之前，每逢隆福寺庙会之前，东西牌楼神路街一带，还是北平城里最大的鸽子市。卖野鸽子（又叫"楼鸽"，这个楼鸽的"楼"是否这样写，要请教盖仙夏老师了[1]）的，卖家鸽的，分笼列肆，待价而沽。还有专卖鸽子哨的，什么单响、双响、九响带回音，绑在鸽子身上，飞在天上清音逸响，超逸绝尘，那比"直升机""七四七"穿云动谷的嘈杂，要悦耳多啦。

北平是礼仪之邦，养鸽子也有养鸽的礼

---

[1] "楼鸽，住在城楼上的野鸽，长相和今天的赌鸽相同。"——夏元瑜，《鸽子已随云烟去》

数。从前古板人家准许子弟养鸽子，也有他的道理：第一，养鸽子的人必须早起登高，鸽子多的人家，还要把鸽子分拨惊起来飞上半天，打盘围着自己屋子飞圆圈，越飞越高，圈子越大。假如自己的鸽群训练有素或是鸽多势众，若遇上附近也有养鸽子的，在高空三五个回翔，就能把人家呆头呆脑的鸽子裹几只回来。当时养鸽子的有个不成文的规定，凡是打盘裹回来的家鸽，一经查明原主，必定亲自送还，既不得私留喂养，更忌私自杀害，如有违反，则属于流氓行径，遭人鄙视了。

北平人把楼鸽、燕子、蜜蜂，同时视为祥瑞之物，燕子搭窝、蜜蜂筑巢，谁都不去惊动它们，尤其楼鸽不会自营窝巢，多半栖息在穿堂、游廊、后厦、高堂邃宇、丹楹檐橡之间。房屋主人看见楼鸽惠然肯来，多半找几只装僧帽牌洋蜡烛的小木箱，铺上点旧棉絮，架在重梦琼构之上，从此怡然定居，螽斯衍庆了。鸽子随地粪便，弄得础壁皆汁，蜿蜒狼藉，所好佣人随时清扫冲洗，积存起来可以卖给花场子当肥料。尤其纯白无杂色的，特别好卖，用丝线沉在盛白干儿的大酒缸里，既去水气，加重酒的醇度，价钱又可卖得更高呢！

在北平，除了江浙馆有油淋乳鸽、红焖肥鸽，以及广东馆的生菜鸽松外，其余鲁豫陕晋各省饭馆，很少有拿鸽子做菜的。靠着北京大学有个地名叫汉花园，清初叫南花园，四方所贡奇花异卉，都在该地培植，各省征来的高手花匠，也都齐聚在此。后来因为住在那儿的南方人很多，又改名汉花园。到了北京大学成立，莘莘学子负笈来学的日渐增多，东斋西斋住满，就只好赁居公寓啦。

住的问题解决，吃的问题又来了。会动脑筋的人，在沙滩汉花园东斋西斋左近支起摊子，饭摊酒肆，如雨后春笋，相继设立。于是水陆杂陈，味兼南北，从前一些南来花匠，稍谙割烹之道的，也就改行客串起掌勺的了。有位弄兰花的曹老爹，平常喜欢喝两杯，他做的卤雏鸽、罐焖鸽子，味醇质烂，香酥适口，不但南来学子趋之若鹜，就是国学大师林损、会计名家胡立猷，都是他的座上客。骡马市大街宾宴春的鸽蓉酥饼，不但皮子酥润不油，馅子更滑香鲜嫩。当时跟中山公园柏斯馨的咖喱牛肉饺，被江亢虎赞为点心中二绝，要非虚誉。此外前外祯元馆中一道八宝鸽子，除了冬菇火腿干贝小河虾之外，他们不用糯米，而用薏仁米，濡而不糯，润而不油，可算鸽子中一道名菜。

最早北平谁家养鸽子，虽然不是每只都套上脚环，可是自家鸽子各有各的识别方法，一望而知。厨房采办偶不小心买回来了，只有自认倒霉，一律放生，绝没人把家鸽当作肉鸽烹而食之的。北平吃鸽子的不多，野生肉鸽繁殖甚快，可以说吃之不尽，供过于求，当然物美价廉，更谈不上吃只鸽子要浪费外汇啦。

有人说，杀鸽子要把铜钱孔套在鸽子嘴上，把鸽子闷死，然后宰杀，鸽子才鲜嫩好吃。我认为为了满足口腹之欲，让鸽子这样死法，未免太残忍些，所以任何做法的鸽子，登盘荐餐，虽有朋友坚劝，我仍旧不动筷子。

有一年盐务稽核所缪秋杰召集盐务方面商人开会，进餐时有一道云腿清炖乳鸽，据所里主厨师傅说："鸽子用铜钱闷毙，血液阻滞，既不卫生，肉也变得柴老粗硬，照一般割烹办法，反而鲜嫩腴润。"他煨的鸽子汤，果然清而不浊，鲜而不腻，是汤中隽品。座中有位贵州思南县人，他说我们吃的都是野生肉鸽，烹而食之毫无罪过。当年他们县里新上任一位县大老爷，不但吃斋念佛，而且不愿杀生。老百姓在稻田捉田鸡固然不许，平素栖息树林的野鸽，也禁止捕食。到了稻穗大熟，邻近的野鸽，也都纷来觅食，大吃田禾，弄得老百姓收成不够吃，甚至田赋都缴不上，后来那位县太爷因此丢官。接任县令一到差，就鼓励大家捕食野鸽，于是街头巷尾的烧腊摊、卤味铺，腊脯脩醢，几乎成了鸽肉世界。

黄花鱼、黄鱼面

石首鱼，南方叫它黄鱼，北方叫它黄花鱼。当年盐业经理岳乾斋最爱吃黄鱼，到了黄鱼上市，他每餐必定有一碗侉炖黄鱼，该行副经理韩颂阁给他起了一个绰号，叫他"黄鱼大王"，后来北平银行界都知道岳老这个外号了。为什么叫黄花鱼呢？据岳乾斋说："黄花鱼到了菊花开时鱼汛最盛，也特别肥美，鱼黄如菊，所以北方人叫它黄花鱼。"不知此说是否可靠，只好姑妄听之。

《清稗类钞》记载："黄花鱼，每岁三月初，自天津运到京师崇文门税局，必先进御，然后市中始得售卖，都人呼为黄花鱼。当卢汉铁路未通时，至速须望日可达，酒楼得之，居为奇鲜，食而甘之，诩于人曰今日吃黄花鱼矣。"北平的黄花鱼都是从天津运来的，在天津火车未畅通时，北平的黄花鱼都是头一天经过冰冻的。黄花鱼上市后，北平有接姑奶奶回娘家吃黄花鱼的习俗。女儿出嫁，上有翁姑，平辈有小姑小叔，晚辈有侄儿侄女，就是吃顿黄花鱼，也轮不到做儿媳妇的稍快朵颐。春暖花开，娘家人于是名正言顺地接姑奶奶回娘家痛痛快快吃一顿黄花鱼。北方的黄花鱼最大的也长不盈尺，像金门、马祖两尺多长的大黄花鱼是极为少见的。中号黄花鱼一斤三四条，一买须是十斤八斤，买回家收拾干净，下锅红烧，虽然放酱油，口味可不能太重，因为这种鱼，要不就饼、面、米饭白嘴吃，爱吃鱼的人，一条跟着一条，吃个五六条并不算稀奇。这种红烧黄花鱼还要多放大蒜瓣儿，除了蒜瓣入味好吃外，据说这个时候，正是紫荆花盛开季节，如果不小心，让紫荆花掉在黄花鱼里，产生奇毒，准死没救，放入适量大蒜，就无妨碍啦！

当年名医方石珊说：“黄花鱼含有丰富蛋白质及维他命A、B、E及磷、钙等成分，滋补身体，极为有益，对老年人消化力弱者，吃黄花鱼尤为相宜。”《雷公药性赋》里也认为其甘温益胃，对病后调理可早复原。笔者胃纳较弱，食量更差，让我白嘴吃黄花鱼，也不过是一条之量，所以我吃黄花鱼时，总是剔出鱼肉，加卤子拌面吃，比炸酱打卤面，似乎又芳鲜适口多了。北平四大名医萧龙友在舍间吃过黄鱼拌面后，他弟弟六爷有严重的胃病，他让弟弟时不常地吃黄鱼面，后来居然久久不犯，想不到黄花鱼对于胃病还有莫大裨益呢！

民国三十六年来台，故友罗秋原主持老正兴餐馆，不知道他从什么地方弄来一条大黄花鱼，足有三尺长，隽鳞肥羜，一鱼四吃，脯脍清炒，无怪清代名将年羹尧贬谪杭垣，吃到宁波运来新鲜黄花鱼，才发现此前在北方所吃黄花鱼，远不及南方黄花鱼细嫩滑美。

一九六四年我到金门，住在迎宾馆，饮食丰甘，清醴紫鳞，都是金门特产。盈尺黄花鱼，台湾来者，无不视同珍品。宾馆庖人是天津西沽人，教以贴发面饼侉炖黄花鱼。一说即做，面鱼登盘，同行天津乡亲固然吃得其味醰醰，就是别省同行之人，也觉得炊饼玉鲙并皆精妙，吃得碗底见青天。

北平的西餐馆

《江南通志》上曾经记述："自康熙二十四年（1685）解除海禁，上海设立江海关，浙沪一隅海国船舶，舳舻相接，艨艟蚁附，似都会焉。"

上海开埠既早，又得风气之先，欧美各国西餐（上海人管西餐叫"大菜"）应当是由上海首发其端才对，可是据息侯金梁说，他在盛京清宁宫所收藏的清代历朝实录满洲档案里，曾经看到康熙初年，光禄寺奏报添制西餐所用刀叉器皿，雇用洋厨，接待外宾；平日无事，准其在外设肆营业种种记载。由此足证北平有西餐馆在上海之先了。

最早的西餐馆附设在药房里

在下垂髫幼童时代，第一次吃西餐，是在北平正阳门外观音寺大观楼电影院旧址。仿佛是间门面宽阔的西药房，楼上附设西餐部。至于那家西药房叫什么名字，因为年代久远，早已忘记啦。只记得饭后，每人有一杯黑而酽、浓且苦的咖啡，虽然加了不少牛奶，放了好多块方糖，可是喝到嘴里，跟小孩儿停食喝的消食化滞的焦三仙的味道没什么两样。

太平红楼餐室成了交际场所

民国初年，各国外侨越来越多，东交民巷房少人稠，实在太挤了。于是有人动脑筋，大兴土木盖起洋楼，租给外侨。当时东单二条有人盖了一座太平大楼，因为全栋都用的是红砖，所以又叫太平红楼。

早年旅居北平的外侨以单身的居多，那些单身汉，一日三餐都没着落；就是有家眷的，人生地不熟也不愿意自己开伙，于是红楼餐室应运而生。刚一开张每餐只能供应三四十份简单西餐，后来由外交界仕女们偶或在红楼进餐，觉着味道情调都还不错，这一传开，每晚冠盖云集，履舃交错，甚或薄醉起舞，过了不久渐渐变成外交名流绅媛交际燕息的场所了。

德国医院附设餐厅

东交民巷有两所医院，德国医院和法国医院，分由狄波尔、克里两位国际知名的医学博士来主持。① 在协和医院尚未成立之前，比较开明信服西法疗疾的绅商耆宿，有了病

---

① 狄波尔与克里均为德国医院的院长，法国医院的院长为贝熙业，著名的贝家花园便是他的产业。

痛，都到这两家医院去求诊养疴。一般军阀政客，遇到了拂逆挫折，或者被政府通缉变成逃逋客，不必远走逃亡，只要溜进东交民巷，躲到德国或法国医院，就永保平安了。反正中国军警宪兵，谁也不敢越雷池一步，闯进东交民巷里拘捕搜查；倘若惹恼了洋朋友，提出妨碍制外法权的交涉，那可要吃不了兜着走啦。

德国医院里附近的餐厅，为了配合德国佬的胃口，德国最出名各式各样的肠子，那里是一应俱全。有一种把牛肝绞碎成泥灌的肠子，现做现吃，尤为脍炙人口。陆徵祥（子欣）在民国初年担任外交总长时期，他的夫人是比利时驻俄公使的千金，最爱吃德国医院餐厅做的德式肝肠，每周都要买一两次带回寓所佐餐或是待客。此外所做的威灵顿牛肉饼、葡国鸡，也是非常有名的。盐水猪脚味道也好，不过猪脚味厚不宜病人，所以不常准备罢了。当年有几位被通缉的军阀政客，一逃进东交民巷，都想尽方法住进德国医院，据说德国菜膏腴甘肥，深得所嗜，比住任何饭店都对胃口。

法国面包房的鲜奶油蛋糕

法国医院比德国医院晚了几年，医疗设备比较新颖进步。对医护人员的训练、病患的看顾管理都周到严格，尤其门禁森严，等闲人不能闯关而入，所以胆小的失势政客、下野官僚，都认为住在这里避风更为安全。

法国医院在崇文门大街附设一个面包房，凡是法式稀奇古怪的面包，它是一应俱全，尤其水果夹心鲜奶油蛋糕加白兰地，在北平算是独一份儿。其实这家一般小点心小蛋糕并不见得出色，越是层数多的大蛋糕才越见精彩。这家五层夹心大蛋糕，白桃、黄杏、鲜草莓、栗子粉外敷鲜奶油，真是细润松软，滑不留人。

早年上海朋友到北平来观光，认为北平的蛋糕不够标准，总对上海理查饭店下午茶的蛋糕赞不绝口。可是当他们尝过北平法国面包房的大蛋糕后，也就不再吹大气，只有点头的份儿了。因为法国面包房在北平创下了金字招牌，所以法国医院也效法德国医院的办法，在医院里设了一个食堂，虽然说是简易食堂，其实里头一切布置比大餐厅还得富丽。

吃西餐讲究的是英法大菜，法国食堂虽然是个法国佬主厨，可是烹调技术并不见得十分出色，只有一味鲜蚝汤腴爽味正，颇得调羹之妙。凡是在食堂进餐，除非你不吃鲜蚝，否则没有不叫鲜蚝汤尝尝的。后来上海爱文义路大华饭店生蚝浓汤驰名全沪，就是这位法国佬应聘去沪的杰作。

北平第一家大旅馆——北京饭店

北平第一家餐厅带旅馆的大饭店北京饭

店，是民国初年落成的，因为外垣也是红砖砌的，有的人怕与太平红楼叫混了，所以叫它"新红楼"。北京饭店大厅舞池，可以容纳几百对士女起舞、上千人进餐。在当年除了中南海的怀仁堂，恐怕就要算北京饭店最宽敞豪华了。

北京饭店地址在东长安街，靠近霞公府。据说五百年前，这里正是明代招待外国使臣和通商使节的会同馆旧址。民国二十年左右，因为北京饭店距离东交民巷不远，又靠近华洋交错的王府井大街，占了地利人和的光，生意越做越兴旺，于是在红楼旁边又扩建新楼。在打桩筑基的时候，听说工地上掘出了一些明代的瓷片和完整的瓷器，其中有一个明代成化窑的绿色龙纹瓷碗，非常珍贵。这些古物给考证专家提供了此地确实是明代会同馆遗址有力的旁证，而正式列入了《顺天府志》。

北京饭店屋顶花园是露天舞池

新楼落成曾举行一次空前盛大舞会，地铺猩毯，壁映珠灯；士则燕服，女则袒肩，起舞翩翩，不但九城仕女，惠然莅止，就是津沽闺秀名媛，也都各现芳踪。到了夏天屋顶花园开放，琼楼曼舞，衣香人影，银灯泻月，所有高级餐舞宴会十之八九都要在北京饭店屋顶花园举行才算够气派。

北京饭店设备布置堂皇是人所共知的，就是刀叉器皿古雅高华也叫别家望尘莫及。有一目不识丁某大军阀在这里进馆时，还把银质镂金洗手木碗的水当作矿泉水一饮而尽，还大叫再来一碗！圣诞大菜一定有烤火鸡，外国人认为烤火鸡是道华贵的美食，其实火鸡肉又老又柴，洋人专拣白肉吃，取其有韧性耐嚼。中国人能欣赏烤火鸡的恐怕不太多吧？可是北京饭店的圣诞大菜里，烤火鸡肉嫩而滑，甘肥细润，令人还想再吃一次。

六国饭店擅做法意大菜

六国饭店在东交民巷台基厂，比北京饭店要晚开几年。名为"六国饭店"，其实这家只是法兰西、意大利两国菜而已。因为主厨是法意两国人，所以法国菜、意国菜，倒是做得相当地道。有一味红酒焗乳鸽，据一般法国老饕说，这么滑香鲜嫩的焗乳鸽，就是在巴黎也不易吃到呢。

撷英食堂中国味西餐

撷英食堂开设在前门外廊房头条，它在北平西餐地界的分量，有同上海西藏路老晋隆一样，堂奥雍容，古典秀雅，雅座餐叙，直如置身西式宫廷官家小宴。这家菜以精细见称，后来为了适应一般顾客的口味，把纯粹的英法大菜渐渐中国化了。

铁扒比目鱼是招牌菜，老主顾没有不点

这个菜的，外路客人到那儿进餐，侍者也会特别介绍一番。撷英的派头一落大方，您就是三两人小酌，他也是大瓷盘托着上，一律由贵客自取。比目鱼上菜的时候，是把鱼架在吱吱响的热铁架上，用长型大瓷盘托到客人前取用，比现在吃牛扒的方式气派多了。

甜点花样，也属撷英最多，最早以车厘冻出名，所谓"车厘"其实就是外国樱桃。后来又出了杨桃冻，杨桃在台湾不稀奇，可是当年在北平真是稀罕物儿，冷玉凝脂，奇香绕舌，好多大宅门的闺秀真有特地为吃杨桃冻而去的。

撷英有一最大缺点就是廊房头条街道狭仄，交通管制严格，只能短暂停车，所有车辆都得在口外停放，等撷英看门小孩前往招呼才能鱼贯进入，停车接客非常不便，这跟现在台北成都路一带无处停车同样让人困扰。

平汉食堂小吃式样最全

平汉食堂设在平汉铁路车站月台旁边，一座大沙龙里，既无雅座，又无隔间，仅仅是一所大的敞厅。当年在北平想吃真正俄国菜，只有到平汉食堂。

俄式大菜小吃花样繁多，也最拿手。如果您吃一块四毛五一客的西菜，也就是现在台湾所谓"特级西餐"，小吃能排满一大桌，少则二十多碟，有时多到有四十来样，碰巧还有俄国三色酱呢！俄国人爱吃的牛尾汤，讲究越浓越香。主厨是位白俄，另外一位副手是哈尔滨的大师傅。

有一年林长民在平汉食堂请客，客人有李石曾、李芋龛。二李都是茹素，不动荤腥的，一道黄豆绒汤，一道素炸板鱼（洋芋做的），吃得李芋龛赞不绝口，把大师傅叫出来，赏了十块大洋。后来李芋龛三天两头到平汉食堂吃素西餐，厨房知道李四爷是国务总理李仲轩的文孙，菜色方面倍加巴结。李四爷吃饭除小费外，另外还有小费赏给厨房，陈慎言曾经把这段事编到他在《小宾报》连载的言情小说里，一时传为美谈。

来今雨轩可以投壶赏花

　　来今雨轩在中山公园董事会西边，本来是董事会的大厅，后来经董事会通过招商开设西餐馆，红生名票赵子英看准是条财路，就把它承租下来。来今雨轩是五层高台阶，前廊后厦五开间宫殿式的建筑，轩前方砖漫地，檐脊高逾寻丈，铅铁罩篷，室内是妆台明镜，可以投壶，可以弹琴；室外是雕栏风爽，既赏牡丹，又弄新月。餐饮场合，有这种情调的，全国各省恐不多见。

　　来今雨轩的菜以软炸鸡腿跟火腿什锦酥盒最有名。赵子英本来就是能言善道、应付顾客一等一的好手，他再把西餐界能人王立本请来，半东半伙当总领班。两个人在北平人头都熟，不但夏天座客常满，就是冬天也有人甘冒风雪前来。夏天来今雨轩还卖一种玉泉山矿泉，瓶子比啤酒瓶子略大，价钱跟啤酒差不多。有一次笔者同朋友在来今雨轩吃午饭，客人要了一瓶矿泉水当冷饮。后来赵子英跟我说，要喝还是来瓶五星啤酒，又祛暑又解渴，矿泉水能有一半是凉开水就算是有良心的啦。您看这种诚心诚意、有一说一的老板，还有拉不住客人的吗？正厅悬着一方"来今雨轩"匾，是水竹村人徐世昌写的，完全学王梦楼，遒劲清健，是徐东海得意之笔。

东华饭店有洋金嵌宝的餐具

东华饭店在王府井大街靠近东安市场（后来改为集贤公寓），据说是某王府大管事开的，他的主顾以东北各大宅门为主。这家有两套餐具，一套是纯银镀金一百二十人份，一套是洋金嵌宝三十人份。这两套餐具是明代意大利、荷兰两国跟中国通商的贡物，后来从睿王府流入民间，被这位大管事买到手的。

我的朋友艾德福是美国有名狩猎家，他的唯一嗜好是搜买古代餐具，他听北平青年会总干事周冠卿说，东华饭店有明代的金银刀叉器皿，两人去了两趟不得要领，所以一定拖我跟他们去一趟，说明就是不买，看看也行。

我只知道这家西餐馆是某王府一位大管事开的，至于是哪家王府就不清楚。哪知一进门柜房管事就是熟人，既是有所为而来，只好套近乎聊上几句，哪知道这一聊，敢情东华是庄王府总管裴玉庆开的，他就住在八面槽。柜上电话告诉他我陪朋友来看金银刀叉，他立刻赶来，把金银两种都拿出来给我们看。

银餐具是蓝皮套匣蓝绒里，金餐具是紫绛皮盒紫绛里。错金镂彩，刀刻有深有浅，粗细线条显然云雷蟠螭纹。银餐具描银凸雕，黑地烧彩，仿佛中国烧在瓷器上的铁绣花竟然烧在银器上，黑褐相间，异常美观。据艾说："这些刀叉器皿都是前两三世纪的宫廷产物，在欧洲的几所大的博物馆，或有收藏，外间已不经见。"他愿意出高价，可是裴总管舍不得割爱，只好作罢。

裴为人是既四海又讲究外场，除了开香槟敬客之外，又上了一道敬菜蒜头罐焖鸡。我先以为蒜味太冲不会好吃，哪知菜一端上来，黑釉罐嵌绿松石，螺丝口的盖儿，加上黑黝黝的瓷托盘，素净大雅，立刻令人增加美感。大蒜固然是酥融欲化，雏鸡去骨味醇质烂，这道菜的火候可以说是恰到好处。

艾德福颇为奇怪，他到欧洲旅游，在罗马，导游曾介绍他到康梯浮第大厦吃过意大利名菜罐焖鸡，他吃过后认为可列入他的珍馐无双谱，想不到来到北平又吃着这道名菜，而且火候滋味比在罗马吃的更为精彩。后来才打听出，东华有位厨师，是世传的西餐大师傅，他祖上在清朝是属于礼部会同四译馆的西餐主厨，无怪乎他能做地道的意大利名菜啦。

墨蝶林的蛤蜊鳕鱼

墨蝶林开设在外交部街，院里花木扶疏，小有园庭之趣，从外表看不像一家西餐馆，里面倒是清幽秀朗，高雅脱俗。既然斜对面就是外交部，座上客十之八九都是外交界名流。墨蝶林中有一道名菜叫蛤蜊鱼，所谓蛤蜊，其实是拳头大的肉蚌，嵌上忌司烙鱼，这种鱼太精彩了，不但鱼肉滑润细嫩，而且忌司特别入味，店里侍者说："我们的鱼是从极北极冷地方捉捕运来的，除了本家外只有六国饭店有这种鱼。"现在想起来，当时在墨蝶林吃的蛤蜊鱼，很可能就是现在台湾红极一时的鳕鱼。

大陆饭店不怕大肚汉

大陆饭店也是旅店带餐厅，开在王府井大街，就是后来的中原公司原址。这家生意以旅店为主，餐厅为副。餐厅赚不赚钱没关系，只要能给旅店多拉点生意就够啦。这家菜份丰富，属全北平第一。虽然每客西餐一块四毛五分，可是您就是一位进餐，侍者也是用烫得热滚滚的厚瓷盘子上菜，一律由您自取。

当年吴佩孚手下有位军长胡笠僧（景翼），体干不过是中等身材，可是胖得出奇，脸呈葫芦形，上锐下丰，三重下巴。从前的轿车，因为他肚子特大，车门挤不进去，所以他的汽车是敞篷的，捧着肚子让过半截车门，才能上车。他只要因公进京，一定是照顾大陆饭店。据他的副官偷偷跟人说，他们军长曾经被吴玉帅关了半年禁闭，一间小屋只能起坐不能行动，天天猪油拌饭，过着填鸭子的生活，等到出狱，就胖成大血胞子了。他素来食量大，作起战来，一顿饭可以吃三天粮食，遇上战况紧急，三天不进饮食，也照样撑得住。

有一年，有位朋友从东北带来一方麋子肉，有十几二十斤，先祖慈一高兴，把这块肉请大陆饭店代烤，让我们尝尝麋子肉，是不是比西北的黄羊羔更肥嫩好吃。结果赶巧碰上这位胖军长独自据案大嗓，先祖慈看他狼吞虎咽、粗犷豪迈的情形非常高兴，就让侍者分了三分之一送去，就说是饭店敬菜。这种关内罕见的长白山珍，胖将军吃得津津有味不说，好像意犹未足。经副官告诉他，是我们敬的，他除了过来道谢之外，后来回到河南，还派人送了一担十八子石榴、一担河南名产白百合来呢！

欧美同学会施夫人的名菜

有位勤工俭学留法的施其光，跟端陶斋一位自费留法的堂侄，两位都娶了擅长烹调的法国太太。两位久客异邦，忽然倦鸟思归，太太又都仰慕中华文化，颇想观光上国，于是联袂回国，下榻欧美同学会。

一天施夫人忽然心血来潮，自己动手做了一份地道法国式的烩牛脑，拿到餐厅两对夫妇共享。牛脑血丝挑得净，火候到家，这道菜又是出自法国名庖传授，当然羊脂温润，入口滑溶。于是以讹传讹，说欧美同学会从巴黎重金礼聘的宫廷名厨擅制红烩牛脑。合肥李瀚章文孙李秉安是美食专家，又是京剧丑角名票，经他一誉扬广播，各界绅商仕女都想一尝法国正宗牛脑，害得欧美同学会餐厅主事人，低声下气向施陶两位夫人求教，把这道名菜学会。

瀛寰饭店有法国式红酒焖蜗牛

灯市口有一家瀛寰饭店，是同学张振寰尊翁止庵先生开的。在民国十几年独资经营旅馆餐厅的，瀛寰饭店算是独一无二。止庵先生交游广阔，眼皮子很杂，三教九流都有来往。餐厅方面是由一位曾经在阜成门法国教堂担任过厨师的来主持。振寰兄时常夸耀他家的西餐是正宗的法国菜，法国菜讲究用红酒。

有一天，振寰一定留我吃晚饭，说是今天有一道名菜，我绝对没吃过，他们饭店也是第二次卖这个菜，因为机会难得，我非尝尝不可。这道菜端上来另盛在瓷碗里，酒香扑鼻，吃完一碗，还不知是什么海鲜。他说这是从法布干获省运来人工饲养的大蜗牛，用红酒忌司焖出来的。当时空航未通，蜗肉盐渍即化，想必是把鲜蜗牛装运来华，再行烹制的。漫漫长途，恐怕十不活一，所以这道菜价钱先不谈，在当时来说，真是稀世珍馐了。

森隆西餐部的中式熏酱卤腊

一进金鱼胡同东安市场，北门路西有一座四层高楼，那就是森隆西餐部了。当年东安市场里的建筑物，差不多都是二层楼，后来东来顺虽然也加高到四层，可是四楼是平台，只能吃烤肉，所以森隆在东安市场可以说是一枝挺秀。

森隆楼下是南货店稻香村，二楼是中菜部，三楼是西菜部，四楼是素食部，全是一个东家开的。在东安市场里声势浩大，跟东来顺、中兴百货店、荣华斋西点、庆林春茶庄大家都称他们为"五人义"。

森隆西餐部的主顾是东北城的王公贵族以及殷富人家。那些人家既想赶时髦吃大菜，可是又不敢吃血滋呼拉的牛排，同时又怕跟黄头发蓝眼珠儿人一块儿进餐，拿刀用叉失了礼仪，所以都喜欢到森隆吃西餐。

而森隆西餐部，散桌寥寥，全是雅座，门帘一放下来，爱怎么吃就怎么吃，没人能瞧见。森隆的西餐跟上海的晋隆，可以说一对难兄难弟，南北辉映。中国味儿极浓的西餐馆，如果严格加以品评，森隆的中国味儿可能更重一些。

北洋政府有一位国务总理恽宝惠，他是晚清书法家恽毓鼎的后裔。此公有一特性，就是无论中餐西菜、大宴小酌，一律使用五爪金龙，绝不假手匙箸刀叉。初次跟他同桌的人，看他淋漓满桌的情形，没有不相顾失色的。所以请他吃饭，最好是森隆西餐，不但宾主尽欢，而且那种半中半西的西餐，也颇合于恽公口味。

梨园行的程砚秋是出了名的好酒量，他不但酒量好，而且还是酒嗓儿，喝个六七成酒，嗓子高低音并出，又冲又亮。他逛东安门市场，如果有金悔庐（仲荪，北平戏剧学校校长）同行，必定是森隆西餐部。把稻香村各式各样熏酱卤腊切上一大盘，来上一大瓶上海的绿豆烧，面包之外，只要一份儿牛尾汤，程四爷认为这比什么山珍海味都来得落胃了。

江南老画师花鸟名家陈半丁，当年在北平也称得上饮馔专家，他认为森隆的忌司烤麦根浓（意大利通心粉）是北平所有西餐馆里头一份儿。森隆有一位大师傅曾经在意大利邮船做过，所以烤通心粉火候拿得准，烤得恰到好处，软硬适中，尤其撒在烤盘浮面的不是洋火腿屑，而是中国金华火腿味，当然咸里带鲜，比洋火腿高明多多矣。

美华的牛肉包出名

府右街有一个美华番菜馆，虽然规模不大，可是北平喜欢吃西餐的主儿，可能都吃过这家西餐馆。这家的牛肉包是此一家的拿手菜。娶坤伶"美艳亲王"雪艳琴、甘愿皈依天方教、人称优大爷的洵贝勒的长子溥优，自从娶了雪艳琴，虽然天方教以牛羊肉为主食，可是美华究竟是隔教的饭馆，未便前往大嚼一顿，偶或在酒酣耳熟之余，优大爷提起美华外焦里嫩的牛肉包，还有依依不尽之情呢！

美华春有"小撷英"雅号

把着西单报子街口、紧对着西长安街，有一家叫"其祥号"的绸缎庄，门前搭铅铁罩篷，楼宇高爽，俨然是"北平八大祥"的派头。大掌柜黄其镐、二掌柜金裕祥，原来都在西单牌楼恒丽号主事，因为宾东龃龉，两人一气，就自东自伙开了一个其祥绸缎庄，望衡对宇，两家在生意方面竞争得异常炽烈。后来有双方友好出面说合，其祥收歇，改为美华春西餐馆。当时西单一带还没有像样的西餐馆，美华春一开张，长安十家春（西长安街饭馆林立叫什么春的有十家之多）的饭座儿被抢去了不少。生意一兴旺，把撷英一位厨师傅也挖了来，撷英的铁扒比目鱼、什锦面盒、奶油栗子面儿都变成美华春的招牌菜。大概风光了四五年，黄其镐因病去世，金裕祥无意经营，西半城的西餐又恢复了撷英独霸的局面。

西吉庆独出心裁各式鸡蛋卷

绒线胡同西吉庆，原本是西点面包店，主要业务是烘制面包、生日蛋糕，圣诞节前还代烤火鸡。因为安利甘大教堂、崇德、培华、笃志几个教会学校都在附近，有人撺掇他面包房后进不妨附设一个西餐部，生意一定错不了。于是从烟台请来了一位同乡大师傅。这位大师傅大概在烟台专做水兵生意，他又发明了水兵鸡蛋卷，摊好鸡蛋，卷上蛤蜊、肉酱、芹菜、青豆，大家都觉得别致好吃；后来他又发明了各式各样夹心鸡蛋卷，甜咸皆备，荤素并陈，真有从东北城特地赶来尝尝鸡蛋卷的。最近听说美国旧金山圣荷西市，开了一家叫"食谱饭店"的，专卖各种不同馅儿的鸡蛋卷。用餐时间，门前大摆长龙，都是等着吃鸡蛋卷的。我想当年西吉庆大师傅绝对没想到，四五十年后居然有人在美国，凭着卖鸡蛋卷而大发洋财呢！

铁路简易餐厅是聚餐的好地方

西长安街旧交通部对面，本来有一栋西式平房，原来是铁路员工传习所，政府南迁，铁路员工不传不习，有人动脑筋，在该处开了一个铁路简易餐厅，一汤一菜的快餐只要四角五分，面包、牛油、果酱、水果、咖啡样样俱全。可以说全北平市最廉价的西餐了。

举凡各学校毕业聚餐、惜别晚宴、尊师谢师，多半在铁路餐厅举行。既大众又廉宜，当然谈不上有什么特别拿手好菜。可是在早晚两餐之外，兼卖咖啡冷饮。笔者第一次喝到意大利白咖啡就是在铁路餐厅。咖啡是用克银咖啡壶端上来，倒出来是整整两茶杯，醇厚带涩，微得甘香，从此才知道如何领略咖啡啜苦咽甘、沁入舌本的妙谛。

梨园艺人爱吃的罐焖乳鸽

长安大餐厅是附设在长安大戏院二楼里，虽然座位不多又没有雅座，可是真有两样能叫座的菜。毛世来将一出科组班在新新大戏院，礼拜天唱白天，经常照顾长安大餐厅，笔者时常笑他腿懒怕走路。有一天舍弟在长安大戏院票戏，唱的是全本《乌龙院》，世来给他把场子，为了近便，大家都在长安餐厅吃晚饭，特别预定了十份罐焖乳鸽。一端上来就有一股子浓郁的乳香，色润味厚，鸽肉酥融欲化，配上一种薄而且脆的面饼，的确是别的餐馆做不出的美味。就是跟东华的意式焖鸽子，滋味也完全不同。

留香馆主荀慧生就住在西单附近白庙胡同，陈墨香给他排新戏，有时说累了就自己带了酒，两人到长安餐厅来两份罐焖鸡或是鸽，解解馋、歇歇乏。最妙的，说相声的高德明、绪德贵也时常在宝元斋带两只火烧，也去长安吃完罐焖鸽子，再到电台说相声。大概这道菜是印度人做的，蒜重香烈，汁浓味厚，颇合北方人的口味吧！

新华饭店黑胡椒牛排

北新华街转角有一座矗立插云的消防警报台，台后有一所三合院的民房，门口挂着一方长不盈尺的小铜招牌，镌着"新华饭店"四个小字。正厅一分为二，一边散桌，一边雅座。不管怎么看都像家庭饭厅，不像饭店。

当年要想吃好牛排，除了六国饭店，就要属这家不起眼的小小饭店了。他家的西餐也是四毛五、七毛、一块三种，专吃一客黑胡椒牛排是八毛钱。

留法戏剧博士陈绵、话剧界的熊佛西都是新华饭店吃牛排的老客，他家唯一缺点是牛排时常断庄。据说牛排都是青岛运来，货到立刻分别通知主顾，前来品尝，这也是北平西餐馆一个有趣的怪现象。

福生食堂酸牛奶北平独一份

北平天方教的人数，占全市人口总数的比例很高，天方教的饭馆大街小巷也非常普遍，可是天方教的西餐馆，据笔者记忆所及，福生食堂可能是全北平市独一无二的一家了。

霞公府有一家意大利医院院长儒拉，能言善道，仪表翩翩，在交际场合里，是最受闺秀名媛欢迎的风头人物。有一天他忽然发表高论，希望绅商仕女多喝酸牛奶（就是现在台湾最流行的养乐多一类饮料），不但营养肠胃，而且可以滑肤养颜。当时只有福生食堂卖酸牛奶，这一下不要紧，福生食堂立刻手忙脚乱，供不应求，单卖酸牛奶就忙得人仰马翻啦。其实福生食堂新西兰炸羊排也是别家吃不到的美肴。

冠英西菜馆慢工出好菜

　　当年彭秀康主持的城南游艺园全盛时期，中菜馆是"小有天"，西菜馆叫"冠英"。据说益世话剧社几位名角，夏天人、陈秋风、胡化魂、李天然，都是东交民巷的股东大老板，所以主厨都是从上海约来的宁波师傅。这个馆子中午生意极差，简直没有顾客上门。因为城南游艺园中午十二点才开始营业，凡是逛城南游艺园的人，都是吃过午饭买票入园，等夜场散后才分别赋归。所以日场一散，小有天、冠英都要排长龙入座了。

名小说家张恨水最喜欢到冠英吃西菜，他说："西餐馆的汤不外鸡汤、牛肉汤，一清早就先炖上了，中午不上座儿，到了晚餐肉类全都融化渗透，入口酥溶，这种汤还能不好喝吗？忌司焗鳜鱼也是慢工小火的产品，当然跟急就章的滋味，大异其味啦。"自从张恨水代为誉扬之后，笔者曾经多次前往进餐，果然汤浓味正，甘肥适口。在游乐场所居然有这样不惜工本的西餐馆，可算是奇迹了。

中国饭店的鸭肝

前门外珠市口有一家中国饭店，除了经营旅馆业之外，并附设舞厅食堂。北平社会风气比较保守，除了各国使馆以及北京饭店、六国饭店不时举行各种舞会，好舞的仕女，可以结伴参加外，好像舞厅备有舞女，中国饭店实为始作俑者。舞厅开幕后，因此地近城南，所以北里婴宛交际花草、登徒少年互相以中国舞厅作为猎艳场所。这样一来名门闺秀相率裹足，加上一向以大胆著称的尤物小凌波轻绡雾縠地在舞池翩翩曼舞，惹得九城骚动，警局干涉，中国饭店只好把舞厅收歇。食堂由于旅客们的需要，仍旧保留下来。

笔者对于这样乌烟瘴气的舞厅既无好感，自然也就没有光顾这家食堂的雅兴。碰巧世谊万觉先兄从郑州来平，接洽商务住在中国饭店，业务未了忽遭父丧，星夜回豫，食堂账单忘未清理，托我代为结付。受人之托，自然得前往。账列鸡丝鲍鱼汤、鸭肝饭有七十余份之多。万来北平不过半个月，何以吃了这么多的鲍鱼汤鸭肝饭，侍者说这两样是本食堂拿手菜，万先生常有生意上朋友，带着小班里姑娘来坐坐，这些都是八大胡同里红倌人们要的。我除了代还饭账，为了好奇也叫了一份儿来吃。鲍鱼汤除了汤浓鱼多，并不觉得有什么稀奇，可是鸭肝饭米粒松散，饭炒得透不说，鸭肝更是老嫩咸淡极为适口。想不到如果不替人还饭账，这么好的鸭肝饭几乎失之交臂。吃完赶紧告诉画家兼美食大师陈半丁，不几天他打电话来说，此饭可算炒饭中逸品，已登到他的饮食选萃了。可见贪饕所嗜，大致皆同也。

一五一公司牛茶加鸡蛋

民国十二三年，王府井大街开了一家一五一公司，专卖舶来品日用百货，整个公司全用妙龄女性，一律穿着浅蓝制服。北平风气比较保守，视同洪水猛兽，禁止少年子弟前往观光。年轻人总是好奇的，越是禁止越想进去蹓跶蹓跶。货物价格定得非常奇怪，非一即五，所以叫一五一公司。楼下物品因为格于一五两数，有的东西特别贵，有的又特别便宜。楼上一半是文具部，一半是餐饮部，冷饮的价格多半是一毛五分，餐点的价格是五毛一分。

既然前去观光，于是要一份鸡蛋牛茶。牛茶是用带盂白瓷盅端来，另外一小瓷盅有一只去壳的生鸡蛋。女侍把鸡蛋用轻巧的手法倒在盅里立刻盖严，一会儿工夫鸡蛋黄白已成半熟，另附两块小茶饼，每份五毛一分。虽然价钱贵了点，可是器皿雅洁，侍应周到，尤其一杯清澄莹澈的牛茶能把鸡蛋烫得泛白，令人猜不透其中有什么窍门。

女侍又特别介绍她们的炸大虾，虾是从美国路易斯安那州运来的，也卖五毛一分一份。当时正是下午茶时间，一份牛茶已够充实，决定改日再去尝试。过了两星期再去，据公司人说因为人手不足，楼上餐馆部已改为冷饮部。朵颐福悭，所谓路易斯安那大虾只闻其名，未亲其味。可是这一杯滚滚牛茶，是我所吃过牛茶中，最令人难忘的一杯。

不知名的德式家庭餐馆

第一位洋人登台彩爨[①]平剧的，恐怕要算雍柳絮了。雍是德国人，在东交民巷谋得利洋行担任唱片部负责人，因为跟中国人交往多，国语说得非常流利，进而迷上了平剧。首先加入协和医院平剧社，跟赵剑禅、杨文雏学程派青衣，又请朱琴心、律佩芳说身段，准备在吉祥茶园登台，跟管绍华唱一出《贺后骂殿》。为了增加声势，雍女士一定要乔三的鼓、穆铁芬的胡琴，律佩芳找乔三打一出《贺后骂殿》没问题，可是想请穆铁芬拉这出戏，就不太简单了。

穆铁芬是春阳友会琴票，十六岁就登台操琴，虽然专傍程砚秋，可是架子大得出奇。

---

① 爨（cuàn），本意为炊，即烧火做饭；亦有演戏之意，今天"反串""客串"中的"串"字即为"爨"的异写。

平头，小胡子，翡翠表杠，外号人称"穆处长"。请他给初次登台的坤票拉一出《烛影计》可就难了。幸亏在下和铜山张伯英的少君宇慈兄，用面子一拘，穆处长总算答应客串一番。可是有个条件，就是纯粹义务，绝不受酬，以免将来增加困扰。

这场戏唱下来，雍女士唱得神清气爽，转折遂心，穆处长托得是严丝合缝，滴水不漏。戏散卸装，雍女士高兴之余，一定要约大家吃一餐纯粹家庭化的德国西餐，于是大家直奔东交民巷台基厂。

这家饭店只有一间门脸儿，门口又没有招牌，要不是识途老马，根本看不出是一个餐馆。里头倒有二十几个座位，当炉是一双白发盈巅的老夫妇。首先是一大玻璃杯丹麦黑啤酒，粉红色泡沫高出杯子有一两寸高，芬芳沤郁，沁入心脾。一小碟肉脯，一小碗油余甜花生仁，用来下酒，也别有风味。一人一份盐水猪脚，一盘红菜头沙拉。猪脚晶莹浥润，不但晶莹醇烂，而且其白胜雪，沙拉则轻红凝脂，柔曼清馨。

这一餐家庭式德国餐吃得大家赞不绝口，比起上海的来喜、大来两家的菜更为细致精彩。饭后一大杯黑咖啡厚重纯烈，啜苦回甘。只可惜忘了问这家餐馆店名。后来雍柳絮改名雍竹君，虽然不时见面，可是总忘问她店名。等雍女士离平回德，大家偶然聚晤，都想再去这家餐馆换换口味，可是没有松下童子可问，白云渺渺，只有徒殷想望而已。

丁巳春节，朋侪在台北小聚，有人慨叹台北的西餐馆越开越多，大的小的恐怕将近百家了。以当年北平最繁荣时期来说，恐怕也不到二十家。回到屏东，就把当年吃过的西餐馆，就记忆所及一一写了出来，居然将近三十家，不过都是民初到七七事变前开设的。事隔四十多年，误漏在所难免，尚请乡邦君子有以教之。

北平的素菜馆

　　北平人除了笃信佛教、一年到头吃长斋的外，有的人每月初一、十五持斋；有的人每月逢三逢八持斋，叫"吃三灾八难"；有的人每月初一、初八、十四、十五、十八、二十三、二十四、二十八、二十九、三十都持斋，叫作"准提斋"，又叫"花斋"；二月、六月、九月每个月的十九都持斋，叫"吃观音斋"；每年九月初一到初九持斋，叫"吃九皇斋"。还有一种持斋的，只有每年正月初一，茹素永日，说那天是诸神下界，如果那天持斋，被过往神灵看见，交值日功曹登录在积善之家名册内，上天就会降福。因此北平住家户儿，正月初一持斋的特别多。

　　当初北平没有专卖素食的饭馆，要吃素，讲究是"三寺一庵"。三寺是法源寺、拈花寺、广济寺（又叫"花之寺"）；一庵是三圣庵。它们都是戒律严谨的数百年古刹，所做素菜绝对是净素，五蕴七香，食唯菘荙。这些寺庙跟王公府邸、殷商巨宅多有往还，每逢佛日年节，就让铺派（即庙里杂役）挑着圆笼到有往来的人家致送素点素菜，说是敬佛余，吃了可以添福添寿。少不得各家施主回奉香敬，比素菜所值要高出若干倍，一般寺庙也把这项香敬列为主要收入之一。正是这个缘故，所以早年北平的素菜馆极为罕见。

　　谈到吃素，还有一个吃素的小故事，据说睿王府当年有位太福晋精研禅理，长年茹素，经年累月不近荤腥，自然胃口欠佳，时常因为饮食不遂心，影响情绪。睿王奉亲至孝，于是成立小厨房，专给太福晋做素菜，可是所雇厨师，做不了多久，就因为不合太福晋口味而被辞退。老福晋戒律严谨，小厨房里不但葱蒜韭菜不能进入，就是锅勺碗盏，也有专人检查。后来经人推荐一位厨师来，干净利落，炒出来的菜，更是媲美元修，堪称上味，从此太福晋胃口大开，三餐怡曼。久而久之，大家对于这位厨师的菜这样鲜美，起了疑心，可能做菜时耍了什么花样。由于府里监厨搜检严格，毫无破绽，后来经过多时观察，发现他每天早晨进府上班，肩膀上总是搭着一条白粗布条巾，一到厨房先把那条条巾大煮一番，随后炒菜里或多或少都要加点煮条巾的水。日久天长被人发现，敢情那块条巾是用极浓鸡汁煨过晒干带进府来的。这个秘密一宣扬出去，那些持斋念佛吃净素的人，个个都怀有戒心，逢到斋期，等闲不敢在亲友家用餐。

后来有笃信佛法的庄居士，在隆福寺路北开了一家宏极轩素菜馆，宣称他家的菜蔬绝对净素。每天一清早，他就大马金刀地坐在柜台前，等灶上派的人到市上买菜回来，他必得亲自仔细盘查搜检一番，不但荤腥不准进门，连葱蒜韭菜也在禁止之列。因为葱蒜之类含有混浊之气，念佛的人如果吃了含有浊气的菜蔬，天人就不来说法了。他是一年三百六十五天，风雨无阻严格执行。这个风声一传开来，凡是正心诚意吃素的人，全都不约而同纷纷到宏极轩吃纯粹的净素来了。至于一些官宦人家的内眷们，当年风气未开，固然不便随意下小馆，可是到了持斋的日子，总要派人到宏极轩去叫。所以他家买卖越做越发旺，可是他们只卖门市，不应外烩，说是一做外烩，跟人家大厨房一搅和，就没法保证净素了。这种硬派作风，使得一般善男信女，更死心塌地相信宏极轩的素菜是真正净素啦。

自从香厂万明路一带开辟为新社区之后，有一位脑筋动得快的朋友，立刻在万明路小吃素人鞋店对面，开了一家六味斋素菜馆，布置得清新华贵，秀逸脱俗，璇阶复式登降，几席俨雅，杯箸超俗。登楼迎面巨额由元忍老和尚草书"南无阿弥陀佛"径尺大字，雄奇壮丽，更让人产生渊懿庄敬的感觉。六味斋的主厨据说是在江苏常州天宁寺做过火功道人，重金礼聘而来，再加上名报人濮一乘（做过北洋时代财政部印刷局局长），他当年在天宁寺就尝过这个火功道人的手艺，的确不同凡响。这一宣传不要紧，立刻就把六味斋捧起来了。可是人家六味斋做出来的菜，的确跟北平各寺庙做的素菜不一样，就拿炒菜用油来说，北方厨师炒菜都用香油，甚至炒菜起锅还要加上一勺浮油，所以炒出来的菜，都有很浓重的香油味。六味斋的掌厨出身江南，炒菜习惯使用花生油，油又煸得透，各式菜蔬既无油性味，入口香润而不濡腻，自然吃者大悦。同时对门开了一家小吃素人鞋店，是从上海分来，所做便鞋，除了款式玲珑，又能服贴合脚，大家闺

322

秀、北里名花都是小吃素人主顾。就是一般股商阔少、名伶大亨,夏天穿的各式纱葛便鞋,也都是小吃素人杰作,由于小吃素人鞋店的名字吸引人,也给六味斋带来不少生意。当时六味斋普通素席,是八元一桌,奉送草籽念珠一挂。十元素席菩提子一挂,十五元以上就奉送星月菩提子念珠了。这样一来,宏极轩除了东北城老主顾外,西南城的主顾,几乎全让六味斋抢去了。

六味斋最拿手的菜是"太极两仪",把青豆(毛豆)舂碎,加水加调味料煮烂,用芡粉勾成糊状,嫩粟米也用同样方法勾成糊状;用紫铜片弯成 S 形,由边部涂上热花生油,趁热一边倒上青豆糊,一边倒上粟米糊,把紫铜片提起,就成了太极图形。青豆羹上滴一点粟米羹,粟米羹上滴一点青豆羹,黄绿相间,不但好看而且好吃。

还有一样拿手菜叫"豆腐松",老豆腐三四块放在清水里,煮上三四小时去净卤水，用纱布缝袋把老豆腐挤干，在热油锅里翻炒研碎，加酱姜酱瓜炒至入味，稍加白糖腐乳汁，滴少许麻油起锅。这个菜黄花翠翘，入口融酥，既能下饭，又宜佐粥。到六味斋来的客人，不管是小酌大宴，都要来个炒豆腐松，因此豆腐用得多，所以豆腐都是到豆腐坊订做特别老的。加上火力用得恰当，他家的炒豆腐松，不管别人怎么学，也炒不出六味斋松爽适口的味道来。后来因为新世界城南游艺园先后关闭，大森里的名花又都迁回八大胡同重张艳帜，香厂一带由繁弦急管笙歌达旦而趋于消沉黯淡，六味斋也就在白云苍狗中收歇了。

过了没两年，在西四牌楼丁字街开了一家香积园，小楼一角，布置得清丽静穆。虽然格局小了一点儿，可是几案陈设，都经过高明人士指点，出尘高雅，苍浑脱俗。掌灶的大师傅是什么出身，虽然不得而知，可是脾气特别地嘎古，只供小酌，不办筵席。据说这位大师傅是位虔诚佛弟子，他说灵看珍馐，罗列满前，已经有乖天和，明明是素菜，愣要起个荤菜名字，都是什么鸡鸭鱼翅的，实在太罪过了。他有几盘素菜做得非常够味，一个是冬菇扒发菜，别的素菜馆给这道菜取名"佛法蒲团"，他说那简直是冒渎佛祖。这道菜只用冬菇和发菜，先把冬菇发菜分别用滚水泡约两小时，拣去发菜里的杂质，冬菇去蒂洗净，用油下锅一炒，随即加入发菜、泡冬菇的水、细盐、姜片，用小火慢炖约三十分钟，汁汤将近收干也入味了，再加酱油、绍酒、麻油，略滚起锅。这道菜说起来很容易，可是做起来能否入味，就全看个人的手艺火候了。香积园的冬菇扒发菜确实做得味醇质烂，滑而不糜，别家素菜馆是无法企及的。还有他家的冲菜也是一绝，有位素食专家庄惕生说："他家的冲菜，选料认真，完全用的是芥菜之心，风干的时候是在楼上平台上晒，竹篾子上还要盖冷布，所以特别干净而且辛辣，冲味也能恰到好处。"到了芥菜季儿冲菜上市，凡是到香积园吃饭的主顾总要买点冲菜回去。香积园有现成的小瓦罐，买个一两罐带回去也很方便。这个馆子以平易诚实来号召，一直到抗战前夕，还开得欣欣向荣呢！

北平中山公园里餐馆茶座林立，中西餐点俱全，就是缺少一家素食处，于是有人动脑筋在后河沿格言亭附近开了一家功德林的素食处。设想虽好，可是到公园蹓跶蹓跶的人，谁又愿意来吃素斋呢！所以从一开张，每天只能卖点素包子素汤面而已，到功德林点几个菜吃饭的主顾，可以说少之又少，于是一变又改以冷饮小吃为重点。北平是出栗子的，白果也不贵，他家白果栗子羹，冷吃热吃均可，糯而且香，别具一格。枣泥凉糕，红白蔼彩，凉润如饴。河北省是红枣的产地，所以枣泥就真是枣泥，绝不掺假，枣香秘馣，甘润适口。还有一样甜食也是别处没有的。

他把老藕洗净，连节切段，把糯米洗净沥干，加入可可粉，桂圆肉切碎，最后加桂花糖拌匀，用筷子把每个藕孔塞紧，放入蒸笼里用大火蒸熟后，凉吃热吃均可，比起庙会上卖的红米藕，又清香甜糯得多啦。那种可口糯米藕，似乎颇受友邦人士的欢迎，有好些欧美的男童女娃一进公园，就直奔后河，跑到功德林先吃一客糯米藕再说，可能藕孔有可可味道才能适合他们的胃口。公园里的游客是夏天人多，冬天人少；功德林也就夏天开张，冬天收市，一年只做六个月，生意如何能长久维持呢，久而久之，到公园想吃可可藕就变成陈迹啦。

北平有一个时期几乎没有素食馆，吃素的朋友，只有到各大寺庙才能吃到真正素菜。东安市场稻香村楼上的森隆，不但卖中菜，而且卖西餐，后来在三楼辟出一部分，专门卖素菜，并且另设厨房，表示是真正净素。他家办的素席菜名可就大大不同啦，有用粉丝做的三仙鱼翅、糖醋素牛肉、烧素蹄筋、水晶鱼等。总之一切素都离不开豆腐、豆腐干、豆腐皮、粉皮、粉丝、洋芋、冬菇一类东西；可是技巧横出，赤枣菖蒲，比诸燔炙蒸凫，其鲜美适口并不多让。

森隆还有一样拿手菜叫醋熘石耳，等闲客人去小酌，点这菜他准回说没预备，要是成桌酒席，他才把这道菜列在菜单子里头呢。因为石耳是江西庐山特产，采购固然困难，而且知者不多。最初是陈散原先生约了几位研究禅宗的诗友到森隆吃素斋，石耳是散原先生自己带来的，哪知森隆做出来的，比陈府做的更爽脆适口，从此一般老饕就把醋熘石耳列为森隆的拿手菜了。

近两年来，由于营养卫生学专家研究所得结论，动物性的食品多半容易使血液发酸，谷类主食虽然是我们身体热能来源，但是含有较多磷质，也能使血液发酸。可是米谷一类主食又不能不吃，因此我们要在副食方面，多量摄取足够的矿物质，均衡一下酸性碱性作用。因此素食在台湾也就大行其道，现在不论哪个县市，都有一两家素食馆，使得素食者到处可以有饭吃。笔者也吃过不少次，不是味精太多，就是每个菜都浇上一层浮油，令人望而却步。记得当年担任过内务部部长的王润生先生介绍过，观音山有两处素斋还不错，若干年总想去趟观音山，可是繁冗太多，总走不开，将来一定要找个机会去尝尝台湾的好素斋究竟是什么滋味。

北平的奶品小吃

　　谈起北平的奶酪，现在四十岁出头的人，还得是北平生长的，或许能够知道北平的奶酪是什么滋味，是个什么样。要是四十岁往里的青年人，就算是在北平出生的，对奶酪恐怕就一点印象都没有，甚至于没听人提过了。

　　北平的奶酪，那是满洲人日常吃的一种冷饮小甜食。做酪所用原料，主要是不掺水的纯牛奶，再加上适量的酒酿和糖，一碗一碗地用炭火来烤，到了某种程度，再用冰来凝结。真是莹润如脂，入口甘沁，不但冷香绕舌，而且融澈心脾，饭后喝上一碗，真能化食解腻，更是醒酒的无上妙品。

民国初年，北平城里城外，一共算起来，奶酪铺也不过十来家，早年西华门里的香蕾轩、甘石桥的二合义、西长安街的二合轩都是最负盛名的奶酪铺，后来因为前门外大栅栏一带，一天比一天繁华，戏园饭馆越开越多，于是门框胡同也开了一家奶酪铺。到了民国十来年，王府井大街因为靠近东交民巷，华洋杂处，东安市场形成了东北城的购物中心，跟着东安市场里正街也开了一家叫丰盛公的。因为这家掌柜的头脑比较新颖，请来一位师傅，是从前在清朝内廷专门供应奶品小吃的能手，经过导游人员这么向各国游客猛一吹嘘，所以丰盛公奶酪确实出过一阵风头呢。

酪铺的奶酪，若是当天卖不完，绝对不能留到第二天再卖，因为彼时没有冷冻柜，奶酪要是隔夜，不但酪澥了，而且味儿也馊了。因此当天卖不完的酪，当天晚上就要把它烤炼成酪干来卖，烤出来的酪干形状颜色就像核桃粘，论斤论两来卖。酪干因为是浓缩的奶酪，既压秤又不出数，看起来价钱相当贵，一个铺子一天也出不了一两斤酪干。有专买酪干的主顾，大半都是让酪铺装行匣带到外地去送亲戚朋友，要是自己买回去当零食吃，顶多也不过买上三四两，否则吃不了搁上一个礼拜，大概就全融化了。一般酪铺的酪干不是不经搁吗？可是人家丰盛公真有一手，他家烤出的酪干，愣是带到南京、上海搁上个把月，一点儿问题都没有，绝对不黏不化。

在北洋政府时期，驻在北平东交民巷的西班牙公使葛得利夫人，就最欣赏丰盛公的酪干，她说吃面包配酪干，比荷兰任何高贵的忌司都够味。后来公使卸任回国，公使夫人每年总要让丰盛公寄几斤酪干到西班牙去过圣诞节，据她说，中国酪干是最高级不粘牙的中国太妃糖，真是形容得一点儿也不错。

丰盛公除了卖奶酪之外，还卖奶卷、奶饽饽。奶卷是用牛奶结成皮子，卷上山楂糕，或是黑白芝麻白糖馅儿。一边卷山楂糕一边卷芝麻馅，叫作"鸳鸯馅"，您听这个名儿多雅致。雪白的小瓷盘放上三寸来长，外白里红，腴润如脂的奶卷，甭说吃，看着就令人馋涎欲滴了。奶饽饽有芝麻白糖馅儿，也有枣泥馅儿的。因为这是精细小吃，豆沙馅儿就上不了台盘了。奶饽饽是用稍厚点奶皮子放在模子里，包上馅再磕出来，有方有圆，有梅花点子，有同心方胜，您要是到奶酪铺去喝酪，只要伙计把奶卷奶饽饽往上一端，没有人不想拈两块来尝尝的。

另外还有一种奶油小吃，满洲话叫"奶乌他"，那更是满洲最上品的甜食了。奶乌他每块有象棋子一样大小，分乳黄、水红、浅碧三色，用小银叉叉起来往嘴里一送，上膛跟舌头一挤，就化成一股浓馥乳香的浆液了，所用的原料，大概也不外乎牛奶、奶油一类的东西。

我想凡是从大陆来的老乡，而且在北平住过的人，一提起北平点心来，大概都有一种说不出的滋味，好像一种淡淡的乡思。可是细一琢磨，又不尽然。因为现在的台湾，虽然大陆各省各县吃的喝的样样俱全，可是您雪糕、冰激凌吃腻了，想喝碗奶酪，吃块奶饽饽，那真可以说戞戞乎其难了。

　　前个十几年，台北中华路有一家冰饮店，曾经卖了两天奶酪，喝到嘴里似乎是酪而近乎杏仁豆腐，跟酪又似是而非。有一年端午节，高雄大水沟都一处的老板，忽然心血来潮，做了几碗酪，准备自己享受一番，碰巧笔者去吃馅饼，承他盛情，送了两碗让我品尝。比起中华路的酪确乎高明，来到台湾二十多年，总算吃过奶酪了。

也谈北平独特小吃——奶酪

　　几位老北平凑在一块儿，谈来谈去就谈到北平小吃上去了。有人说，酸豆汁就辣咸菜，又酸又辣真过瘾。有人说，羊油炒麻豆腐加豆嘴儿，没尝这个滋味盖有年矣。有人说，焦熘饹馇带勾汁迸焦酥脆挂卤更够味。笔者独独怀念北平乳香馥郁的奶酪。

　　前几天本报刊载了小民女士写的一篇《人间美味——酪》，还附有喜乐先生画的一幅奶酪挑子，看了之后，更是馋涎欲滴，思乡更切。

　　酪在北平，是奶茶铺独家生意，在民国初年，城里城外，卖酪的奶茶铺大约还有二十多家，到了七七事变，就剩下门框胡同的合顺兴、东安市场的丰盛公、西单牌楼的二合顺、西华门的香薷轩几家资本雄厚的奶茶铺，在那里咬着牙苦苦挣扎了。丰盛公是宫里一位首领太监出资开的，他的主顾以北城的王公府邸为主，不但品质精纯，而且花样繁多。奶酪分水酪、干酪，顾名思义，干酪奶的成分浓，水酪水的含量高。沿街叫卖，以及戏园里托盘兜售的多半是水酪，到大点儿的奶茶铺去喝酪，大都是干酪了。

另外还有果子酪，这种酪是把各式干果撒在酪上，以门框胡同合顺兴最为齐全，他家果子酪有松子瓤、瓜子仁、白葡萄干、翠缕红丝，各式各样干果，有八样之多，所以又叫"八宝果子酪"。果子酪看起来矞彩，吃起来反而觉得夺味滞口，所以虽然加了不少料材，可是价钱跟大碗干酪是没有差别的，只不过带小孩去喝酪，用果子酪哄哄小孩而已，大人们是很少叫果子酪来喝的。

丰盛公除了奶酪外，还有奶饽饽、奶卷、奶乌他等各种奶类制品。奶饽饽都是芝麻白糖馅，先用奶皮子把馅儿包起来，用寸寸见方福寿或各式花纹的木头模子刻好冷冻起来。奶卷的制作更是细巧玲珑啦，有山楂糕馅或芝麻白糖馅，还有的一边卷芝麻白糖一边卷山楂糕，白华赤实，浆凝玉液，既好吃又好看，可称奶类珍品，不过价钱稍贵。丰盛公的伙计，眼光都非常锐利，客人一进门，一看是肯花钱的吃客，才把奶饽饽、奶卷、奶乌他端上来。奶乌他一粒比围棋子大一点，厚一点，娇黄衬紫，柔红映碧，颜色已经非常诱人，拈起一粒入口之后，用舌头一压，立刻化为一股湛露溶浆，香醨袭人。当年有一位西班牙公使夫人称之为奶品中"细色异品"，颇为允当。奶茶铺所卖的奶品小吃，当然都是满洲遗留下来的小吃珍味，懂得吃的人，越来越少，会做的人更是凤毛麟角，渐近失传。奶酪、奶卷的做法，尚可以模拟出个大概，奶乌他是怎样做出来的，现在在台湾的人固然没人会做，就是大陆一些有这项手艺的老师傅，活着的恐怕也寥寥无几了。

　　来到台湾，虽然也吃过几次酪，诚如小民女士所说："也只是很像而已。"前两年梁实秋先生从美国带回来几盒 Junket 凝固剂，我们试制了若干次，遇上牛奶成分有问题，就凝固不起来，纵或凝固奶酪，但又缺少噇人的酒香。最近有人在东部经营综合农场，从美澳引进优良奶牛品种，现已接近成功阶段，并且准备出产绝不掺水的纯牛乳，专供制造高级奶类制品之用。等他农场的纯牛乳大量生产应市，我想一定能够研究成功，到那时候，想喝奶酪的朋友们，就可以如愿以偿大饱口福啦！

续《酪》

说到"酪"，凡是五十岁以上的北平人，大概没有不爱喝的。三五位北平老乡凑在一块聊天，谁要一提奶酪，大家都会情不自禁馋涎欲滴。

酪分水酪、干酪两种，都是以牛奶为主体，所以又叫"奶酪"。水酪颜色泛白，浓度略差，比玻璃凉粉细嫩而香；干酪甘沁凝脂，微带乳黄，隐含糟香。

酪有挑着木桶沿街吆喝叫卖的，也有在奶茶铺卖的。北平城里城外奶茶铺不到二十家，可全部都卖酪。这些铺子名为"奶茶铺"，实际是以卖酪为主，可是不叫酪铺而叫奶茶铺。这种铺子您进去除了喝酪，来碗热奶子则可，要是跟他要份奶茶，他可就抓瞎没辙啦。奶茶铺为了招徕顾客，有的在铺子门口竖上一块木头板，用粉红纸写个斗大的"酪"字贴上。有的写几张"大碗干酪"的红绿纸条，斜贴在临街的玻璃窗上，就算是他们的宣传广告啦。

当年北平有位人称"北平通"的金受申先生，是蒙古族人，在北平落籍多年，他对北平的风土人情文物掌故，可以说是无所不知、无所不晓。他说，元朝原是游牧民族起家，最讲究喝浓而且酽的奶茶。茶砖加牛奶酥油撒上点盐，就是最原始的奶茶。后来时代进化演变，才有我们现在所喝的酪。所以卖酪的仍旧叫奶茶铺，就是这个道理。

听老一辈儿人说，大概是元朝开国不久大德年间，有两位情同手足的护国将军，打算退休辞朝，皇帝问他们要点什么赏赐，他们两位谁也说不出所以然来。皇帝知道他们自幼都是蒙古草原牧放牛羊出身，于是每人赏了五十条精壮乳牛，准他们在大都附近觅地经营。哥儿俩是出生入死患难之交，于是一位在东城靠近东四牌楼开了家奶茶铺叫“二合义”，一位在西四开了一家奶茶铺叫“二合顺”，所以后来北平城里城外繁衍到二十多家奶茶铺。凡是字号叫二合什么的都是他们哥儿俩的后人开的。北平城里通衢大道，无论铺户住家，都是绝对禁止大量饲养牲畜的，可是二合义、二合顺后柜院里都有一座不算太小的牛圈，虽然臭气四溢，可就没人干涉。老辈儿人说的话，或许真有其事呢！

到了民国二十年前后，冰淇淋、冰点心、冰棍儿在北平大行其道，奶酪酸梅汤日渐式微，可是卖酪的奶茶铺还有十来家。二合义、二合顺，还有西长安街的二合轩，都是专卖大碗干酪的，西华门里香蕾轩是专卖水酪的奶茶铺。门框胡同后来也开了一家奶茶铺，因胡同窄小只能走行人不能通车辆，是凡经过奶茶铺，都想进去喝碗酪，落落汗、歇歇脚，人同此心，顾客一多，买卖可就越做越兴旺啦。有一种带果仁的干酪，别家要带果仁的奶酪，不一定准有，可是门框胡同要喝带果仁的酪，那是随时供应。他家另有一种特制的松子仁、白葡萄干的酪，鹅黄衬玉，芳甜滑爽，可以说是奶类小吃中的逸品。

言菊朋生前最喜欢说笑话，他说喝完松子仁的酪，仿佛自己平添几分仙气，到了台上胡琴高半个调门，都卯得上去。虽然是一句笑谈，可是足证松子酪多么能鼓舞人的情绪了。

奶茶铺后起之秀，得属东安市场里的丰盛公。因为他家天天有外宾光顾，所以不但卫生方面特别注意，除了奶酪之外，奶类小吃花样还真多。鸳鸯奶卷一边是山楂糕，一边是白糖芝麻面儿，白肌红里，既好看又好吃。奶乌他冷玉凝脂，色分黄白粉碧，金浆玉醴，入口即融。他家每天要烤二三十斤酪干儿，早餐就面包吃，那比鲜果酱、咸忌司又高明多了。

来台湾之后，只有二十多年前在中华路看到过有一家一间门面儿的冷饮店卖酪，我曾经一口气喝了三碗，味儿、样子都差不离儿，可以打九十分，就是似酒非酒、似糟非糟的香还嫌不够。过了不久，冷饮店收歇，想喝那样慰情聊胜于无的酪也没处喝了。

今年春节在台北，在国宾饭店跟梁实秋伉俪同席，谈到北平小吃，大家又谈起酪来。才知道中华路那一份酪是齐如老令媳黄媛姗女士做的，怪不得风味不错，引人一喝还想再喝的兴趣呢！梁先生说，他在美国研究出一种西法做的酪，又方便又简单，可以媲美北平的奶酪。可惜当时匆忙，没问梁先生用什么作料，怎样做法，事后想来非常后悔。

四月二十一日梁先生在"万象"版发表了一篇文章叫《酪》，把做酪的方法公诸同好。先把凝乳片溶化加在牛奶里，酌加白糖、香料，加温冷却放进冰箱，一刻钟就可以拿出待客啦，那的确简易可行。笔者近期颇想先行试做一番，如果成绩不错，打算多做一点，招待同好喝个痛快。

另外梁先生文内提到挑桶下街卖酪的，怀里都揣着一副签筒子，跟客抽签儿。据我所知，这种耍儿，输赢挺大，花样分抽牌九、比大点、真假五儿等名堂。他们在墙角边、树阴凉、大门道里，随时随地都可以抽签，从来没听说有警察抓过。卖酪的说得好，穿大街过小巷警察老爷们睁一眼闭一眼，俺们卖酪的不就过去了吗。

有一次笔者跟警察局内二区署长殷焕然，谈到沿街叫卖小贩带签筒子事，殷说，北平城里带签筒子小贩，除了卖酪的，还有卖烫面饺的，卖冰糖葫芦的，卖烧鸡的，都是带签筒子的。警察碰上就抓，内二区每天都要抓个三两档子，可是就没有抓到过卖酪的，据说卖酪的带签筒向例不抓，大家相沿成习，究竟是什么原因，他也摸不清。因为梁先生提起卖酪的带签筒子，所以笔者把这件事写出来，也算是有关的一点小掌故吧！

秋果三杰： 核桃、栗子、大盖柿

　　在美国的超级市场里，看见有合金制、像圆规似的小夹子，另附六把长把小弯刀，雕琢精细，式样美观，我猜不出它的用途。小儿告诉我说："美国习俗，到了圣诞节，有客人光临，要用带壳核桃款客以示庆祝。有了这种刀夹，就可以夹掉外壳，剔取核桃仁来吃了。"

　　中国早年吃瓜子，闺中倩女恐怕伤了洁白玉齿，所以用一种瓜子夹剖瓢剥仁来吃，核桃夹子则向所未见，而且式样灵巧，所以买了几副带回送人。同时我想，中国人虽然没有夹核桃来吃的习惯，等到东篱蟹肥，拿来当持螯赏菊的工具，一物两用，岂不妙哉。

　　核桃是山货之一种，所以又叫山核桃。据种核桃树有经验的人说：直、鲁、晋、豫、甘、陕各省都产核桃，另外有一种麻核桃，皮坚皱多肉少，是专为观赏及老年人揉转活动指腕用的。小山核桃只有一般核桃二分之一或三分之一大小，除了供人观赏外，因为核桃外壳坚中带韧，容易奏刀，所以成副的小山核桃，雕刻家都视为珍品。还有一种核桃内衣是深褐色，肉紧而细，微涩而甘，有人叫它香核桃，是入馔隽品。杭州有一种沙核桃，皮薄肉酥，有类榧子，为闺中消闲零食，那也是核桃中别种。核桃树大都生在山洼水涯，城市里的人大都没见过核桃树是什么样子。当年北平舍下有一棵核桃树，高逾寻丈，初秋结实，颜色碧绿，形似芭乐，熟后摘下先要沤烂皮肉，砸碎硬壳，剥吃其中种子，稍一不慎，果浆污衣染手，久久不褪，所以旧式染坊，有用它作染色剂的。乌鸦是最喜欢吃鲜核桃的，核桃刚一成熟，它把绿皮果子扭下来叼到隐秘所在，埋到土里，等到外皮沤烂，再把核桃翻出，利用钢喙，啄壳吃肉。大家都说笨老鸦，其实它吃起核桃来，比一般鸟雀要灵巧得多呢！北平夏季什刹海有一种下酒的隽品叫"河鲜儿"，除了菱角、鲜莲、鸡头米、嫩藕是就地取材，全是什刹海的河鲜儿外，其余榛子、杏仁、鲜核桃仁，更是冰碗儿里不可缺少的材料，鲜核桃尤其是不可少的主馔。当年会聚堂消暑的冰碗儿，哪家饭庄都比不了，就是他家鲜核桃仁是从核桃园整批趸来、独沽一味的。

北平有一种山货屋子，诸如核桃、栗子、红枣、山楂等都属于山货买卖范围。各货到了收成季节，四乡八镇的乡民，整筐整篓地送到山货屋子来卖。经过山货铺的精挑细选分类后，再卖给干果子铺，价格就大不相同了。干果子铺做的核桃粘，当年销路最广，凡是喜庆寿筵，讲究四干、四鲜、四蜜饯，其中少不了核桃粘。其实核桃粘只是欺霜胜雪洁白无瑕，堆在果碟里显得好看，讲到好吃远不及酥炸核桃仁来得香脆噀人呢。

北平春华楼有个菜叫"核桃腰子"，是一道火候功夫菜，腰子要酥，核桃要脆，其色金黄甘鲜腴肪，这道菜台北市的江、浙、宁、绍馆，似乎还不多见。近来台北市的各省饭馆日渐增多，为了营业上竞争，无不挖空心思，把花样翻新添些菜色。前两天在一家新开饭馆吃到"核桃酪"，颜色是浅黄近褐，既无枣香，核桃又磨得太粗，吃到这种核桃酪，不由人想起当年北平锡拉胡同玉华台的核桃酪了。核桃酪虽然以核桃为主，可是枣泥是必不可缺的主要配料，核桃固然要磨得极细，而枣剥得仔细干净和枣泥的分量适当，也是做核桃酪最要紧的一环。枣子要用"小红袍"，取其枣肉充实，枣有柔香，两者加水研浆成汁后要兑得均匀，不稀不稠，糖不可多，以免因太甜而减少香气，据说此菜传自当年以美食著名的杨莲甫家。台湾核桃虽不难得，但红枣此地得之极难，这种真材实料的核桃酪恐怕只有在北方才能吃到了。

栗子也属于落叶乔木，霜降后成熟，外壳刺如猬毛，一苞有单瓣、双瓣、多瓣果实多种，瓣越多果实越平整，内衣越好剥，糖分也越高。现在台湾吃的栗子，多半是韩国出产。韩国原本不生产栗子，是明初韩国贡使从中国带回繁殖的。日本人对栗子有偏嗜，而且用栗子做的糕点式样繁多，他们的栗子是明代大儒朱舜水先生东渡讲学时移植过去的，并教给他们种栗子、吃栗子，到现在日本人最喜欢吃的羊羹，就是以栗子粉为主要原料做出来的。

考诸古籍，初唐时期，祝荐新就知道用黄栗了。据说栗在秋实中成熟最早，栗子丰收，定然年卜大有，所以用它来登盘告庙以兆吉征。宋代大诗人陆剑南，就是出了名爱吃栗子的，他每晨趋朝，袖里总藏着一袋熟栗子，一边走一边剥着吃，等栗子吃完，也正是朝参侍禁时候了。民国二十年我在汉口服务公职，当时统税局副局长谢恩隆先生，人极洒脱随和，不拘小节，每天早上他总是步行到公，左右口袋里塞满了糖炒栗子，随走随剥，有时碰到我揣着新出炉的烤白薯从对面而来，他认为跟我是同好。有一天我们边走边聊，他突然问我，他别署慕南，可知出处，我当时被他考住。后来他说，陆剑南嗜栗为命，糖炒栗子一上市，便每天半斤，一直到下市绝不中断。他与放翁嗜好相同，所以才起了"慕南"这个别署。从这次谈话，我才知道陆放翁居然是爱吃栗子的同好呢！

栗子在北方也属于山产一类果实，在北平西山一带满山遍野都种满了栗子树。南方人管栗子叫"板栗"，长江一带所有卖糖炒栗子的，无不以良乡糖炒栗子为号召。倒是生在北方的人，十有八九并不知道良乡的栗子那么出名。有一年笔者到涿州去公干，道经良乡，经当地一位乡绅指点才知道，良乡东大洼出产的栗子每苞五粒，实小而甜。有位试子落第回南，路过良乡带了不少栗子回去，跟书童在上海浦东卖起糖炒栗子来，从此生意越做越发达。因为他的栗子是从良乡买来的，所以就拿良乡栗子为市招，从此大家相率效尤，都以良乡栗子来号召了。北平前门外"通三益"是北平最大的干果子铺，据他们掌柜的说，一个秋季，他们柜上至少要买两万斤出头的栗子，才能够应付糖炒栗子所需。门市买卖，总是五六百斤一批，向山货屋子进货，既没有到良乡采购过，也没有良乡行商到柜上来兜售，大概良乡出产的栗子都运到南方去了。

北平糖炒栗子属于干果子铺的独有生意，早年的北平，大家有一种商业道德，炝行来做生意是众所不齿的。不像现在做生意，只要哪一行赚钱，大家就一窝蜂似的争相趋之，非等臭一街才肯罢手。其实糖炒栗子也有它的一些窍门，不是任何人率尔操觚都能胜任的。首先糖炒栗子所用的燃料，不是木炭，不是劈柴，而是搭天棚拆下来的废芦席。据干果铺的人说：废芦席易燃，火旺烟少，没有烟燎子气。炒栗子用的沙粒，最好是陈年旧沙，如果全用新沙，加再多饧糖，全被沙子吸收，栗子反而沾不足甜味，所以干果子铺用完的沙子，一律留起来第二年再用。炒糖炒栗子是桩辛苦事，必定要用孔武有力的壮汉，而且要有长劲，十多斤的铁铲，不但要适时上下翻动，炒到半熟才能加饧糖，栗子稍一咧嘴注入糖稀，才能恰到好处。到了年终批红，要给炒手留头份儿，就连帮着烧火的小利巴也要点缀点缀呢！糖炒栗子一定用人工炒，才觉得柔润香糯，其味如饴。当年北平西单牌楼附近，有一家西点铺叫"滨来香"的，看着左邻右舍的干果子铺赚钱，自己想卖糖炒栗子，又怕别人笑他窜行做生意，于是他用一架搅拌机来炒（跟现在炒肉松的锅大致相同），以示与众不同，而且免得别人说闲话。刚一开始，大家看着新鲜，都买个一斤半斤来尝尝，吃过的感觉是没有人工炒得松透好吃，糖分也嫌不匀，第二年就销声匿迹啦。

从前上海有一家栗子大王新发兴，每年糖炒栗子上市，时常有些阔人十斤八斤买了带到南京去送人。有一年我跟上海闻人李瑞九经过新发兴门口，老板胡阿四愣拉我们进去吃糖炒栗子，尤其是让我尝尝比北平的滋味如何。起初我觉得吃糖炒栗子北方多的是，有啥稀奇，谁知吃了之后，芬芳似桂，齿颊留香，果然其味特殊。胡阿四说，他前几天陪朋友去杭州逛西湖，碰巧赶上汪庄采撷桂花栗子，他带了二三十斤回来，炒出来吃，果然后味带有桂花香味。喝竹叶青时用它来下酒，香味更浓，所以舍不得卖，留下来自己慢慢品尝。桂子飘香，也正是毛栗结实的时候，孕育芳獉，自然柔香扑鼻了。

抗战之前，北平阀阅世家，有些位整天游手好闲吃喝玩乐的公子哥儿，有人给他们起了一个共同外号叫"八大少"，其中有一位叫尹大的更是刁钻古怪。他吃糖炒栗子，一定要挑坐落路西干果子铺门面朝东的才买，他说秋季凉飙，刮的是西北风，糖炒栗子的火焰必定要稳，栗子才能炒得透，饧糖入味，迎着西北风来炒，火头闪烁不定，当然不会恰到好处。大家起初总认为他不过说说而已，哪知有一天佣人偷懒，没到日常照顾的西单牌楼路西的增盛永去买，而在路东的聚盛德买。他剥开尝了一个，立刻察觉不是路西干果子铺炒的，从此大家都叫他"栗子大王"，他也就居之不疑了。据一些老北平说："自从明代朱舜水先生东渡，把中国文物传播到樱花三岛后，日本人对于栗子颇感兴趣，于是把栗子制品，陆续传给了他们。现在日本的羊羹、栗饼、栗糖就是朱先生留传下来的。"

命相家李栖厂生前最爱吃栗子，笔者有一年到上海，他请我到霞飞路的飞达西点铺喝下午茶。飞达的栗子蛋糕加鲜奶油，当时在上海滩算是最时髦又名贵的西点。名人李祖发、唐瑛伉俪也认为是餐后尾食中隽品。我尝了之后，栗子虽然松美，但香料太浓，已夺原味，大家都夸好，我也不便太煞风景。后来栖厂北来，我在撷英西餐馆请他吃奶油栗子面儿，甜不腻人，细不失润，南友北来尝过的人，无不称为珍味。来台之后虽然也吃过几次栗子蛋糕，不是失之过甜，就是入口滞腻。有一次在美加美买了一个蛋糕吃，觉得除了稍甜之外，味道还不错，把没吃完的放在冰箱结冰柜里，第二天再吃，怀冰冻果，似饴似冰，别有风味。此地吃不到奶油栗子面，以此代食，亦可解馋，嗜者不妨一试。吃不完的糖炒栗子剥去硬壳，把它风干个三五天再吃，甜度也随之加浓。名医杨浩如说："老年人吃了还可以压治风火咳嗽。"

所以先慈生前只要有糖炒栗子，总要剥几粒放在床头小瓷坛里，夜晚压咳嗽。如今海天遥隔，墓木早拱，展拜无从，想起昔年陪侍剥栗子情景，每每目眩鼻酸，悲从中来。

水果中笔者偏嗜柿子，柿子原产地是黄河流域的冀、晋、鲁、豫各省，不但产量丰富，而且品质亦佳，后来逐渐向南移植，出长江流域再移向珠江流域，甚至台湾也照样出产柿子，不过越往南移植，格于气候土壤不同，成熟期越提前，果型也越缩小。既然全国各地都有柿子生产，产地不同，名称也就各异。柿子原名叫"柹"，柿子是俗写，在本草里叫"君迁子"，北方叫它"大盖柿""磨盘柿""朱红柿""风柿"，南方叫它"南柿""高装柿""丁香柿""青皮柿""水浸柿""灯笼柿"。照柿肉来分，又有脆柿、软柿、清汤柿种种名堂。北方有句俗语说："七月红枣八月梨，九月柿子赶上集。"在秋露凝霜，重阳左右，脆柿子、软柿子才陆续上市。

柿子实重枝柔，不能等到在树上成熟才来摘取。脆柿子只要稍微泛黄就要摘下，软胎柿子也要半青半红时期摘下来加工。这样半成熟的柿子，其味苦涩不能入口，早先是埋在石灰堆里，叫"溇"一下除去涩味，才能变成美味的水果。近来有人研究用电石淹没保温促熟，只是如此一来似乎有一股刺鼻电石味。舍间有一棵柿子树，是先祖姑当年手植，不但是东陵名种朱红盖柿，而且是用黑枣接枝，多年培植高逾五丈，初夏时期翠盖参天，夏间着花，繁星点点，玉果璇珠，到了秋意渐浓，柔红片片，灿若霜枫，也就到采撷时期了。硕果大而朱红，因为是多年老树，孪生累瘰，叠实突兀。有一年笔者遵海而南，到上海去探亲，特地选了一网篮形状怪异的送人，得之者无不视为果中珍异。这种柿子，皮一发黄，立即连枝摘下，挂在不住人不生火北方叫"冷屋子"里的墙壁上，自然渐渐成熟变红，吃时把柿蒂慢慢起下来，用小调羹挖来吃，吮浆唼肉，如饮甘蜜，如嚼冰酥，润喉止渴，涤烦清心，似冷香凝玉，沁人心脾，我叫它柿子冰淇淋。笔者少年顽皮好弄，把吃过而完整的柿衣注入凉水，再把柿蒂复原，放在院里冻结实后，仍回置原处，不知者取而食之，只是清水一兜，引为笑乐。此情此景一眨眼已是半世纪以前的事了。吃过这种清水柿子的老友，现在在台湾的，恐怕还大有人在呢！

　　柿子除了可吃新鲜之外，也可以晒成柿饼来吃。把柿子去皮压扁，放在通风向阳的地方，日晒风吹到半干，然后放在坛子里压实，等生满白霜，然后取出，用麻绳穿起来压紧，就成了一串串的柿饼了。山东曹州的柿饼又叫庚饼，驰名华北，北平卖果子干的，都拿真正曹州庚饼来号召，是否确实别有滋味，倒没听说有谁来考校过，不过曹州庚饼上的柿霜治疗口疮，其效如神，百试百灵。本草上说："柿甘平性涩，润肺宁咳，疗肠风痔漏，清上焦心肺之热，治口舌咽喉疮痛。"
可见柿子确实是颇有功效的。

柿霜能治口疮，于是有柿霜糖片出售，
北方干果子铺论斤出售，其形状、大小、颜
色跟美国箭牌口香糖仿佛，不过一是方角，
一是圆角而已。柿霜糖片甜度很高，入口甘
凉，如果放在阴凉地方用瓷器密封，可以经
年不变，其味如新，如果胃火太旺，吃几片
柿霜糖，确能收消炎止痛的效果。这种柿霜
糖片，只有华北各省有得卖，江浙一带有宦
游过北方的人，拿柿霜糖片当馈赠亲友礼
物，比送京都细点、什锦蜜饯还受乡里友
人欢迎呢！

柿子除了生吃，很少有熟吃的。抗战之
前，笔者在西安经过鼓楼前一家叫"锦香斋"
的糕饼店，伙计大喊"新烙的柿浆，又香又
甜"。只听说过没有见过，用柿浆作馅儿，更
是前所未闻，自然不肯放弃一尝的机会。这
种是用熟透柿浆跟鸡蛋打在一起和面，擀成

饼皮，把甜杏仁、核桃去皮，连同冰糖、青丝压碎，做成甜馅包起来压平，用轻油小火烙熟，趁热来吃，味永香醇，跟藤萝蒸饼有交梨火枣之妙。我吃了之后，给他老板建议，西安的栗子又大又甜，如果把栗子磨成粉掺在面粉里，可能滋味更佳，并且给他取名"三杰饼"。老板欣然接受，答应一定试做。我当时以为说过即罢，谁知抗战胜利之后，在北票煤矿听雷孝实先生谈到西安锦香斋有一种三杰饼非常好吃，名字也比泰安的状元饼来得雅驯。想不到锦香斋老板，居然言而有信，不但做三杰饼出售，而且还出了名，真是始料所不及。

槟榔、砂仁、豆蔻

记得先祖母餐厅里有个半圆形琴桌，上面摆满了各种奇形怪状的大小葫芦，中间有一个小朱漆盘，里面放有珐琅榠盒、冰纹瓷瓯、竹根篙篦、小樽小罐，全部细巧好玩。

每天中晚饭后，惯例总是由我把这朱漆盘捧到祖母面前，由她老人家拣取一两种嚼用。其中槟榔种类很多：有"糊槟榔"焦而且脆，一咬就碎；"盐水槟榔"上面有一层盐霜，涩里带咸；"枣儿槟榔"棕润殷红，因为用冰糖蒸过，其甘如饴，所以必须放在小瓷罐里；"槟榔面儿"是把槟榔研成极细粉末，也要放在带盖儿的瓷樽里，以免受潮之后，结成粉块儿就没法子吃了。

北平卖槟榔的店铺叫"烟儿铺"，除了卖槟榔之外，还卖潮烟、旱烟、锭子、关东叶子、兰花仔儿、高杂拌儿、水旱烟类。北平最有名的烟儿铺是南裕丰、北裕丰。南裕丰开在前门大栅栏，把着门框儿胡同南口，掌柜的鲁名源，还兼着南北两柜总采买，每隔一两年他总要往广东、海南岛，甚至台湾跑一趟。他说："槟榔功能提神、止渴、消食、化水、明目、止痢、止泻、防脚气、消水肿，尤其驱虫效力无殊西医除虫圣药'山道年'。不过岭南有人喜欢把鲜槟榔、牡蛎灰、荖花、甘草、石灰、柑仔蜜，合在一起咀嚼，论味则甘辛苦涩香兼而有之。可是石灰入口，口腔容易灼伤，引起食道肝胃各病，尤其鲜红槟榔汁，染成血盆大口，既不卫生，又碍观瞻。所以烟儿铺只卖干槟榔，偶或从南方带点鲜槟榔仔回来，也只是给大家瞧瞧，鲜槟榔在直鲁豫几省是绝对不准贩卖的。"

烟儿铺柜台上都放有一把半月形小铡刀，顾客来买槟榔要对开、四开、六开，他们都代客切碎。至于糊槟榔、盐水槟榔制好之后，就早切好，用戥子秤好，一包一包地出售啦。槟榔面儿则要现买现磨，分粗中细三种，免得磨久了搁着一受潮，就不松散了。枣儿槟榔价钱比一般槟榔要贵一倍，听说只有雷州半岛出产，其本身柔韧带甜，用蜂蜜蒸过，更是越嚼越香。当年王渔洋给程给事诗，有"端坐轿中吃槟榔"句，据说王对枣儿槟榔有特嗜，整天枣儿槟榔不离口，足证早年士大夫阶级也是爱嚼槟榔的。小孩儿多半爱吃西瓜喝汽水，西瓜吃多了，汽水喝过了之后，一蹦一跳，水分在肚子里乱晃荡，实在不好受。假如家里有槟榔面儿，倒两勺儿在嘴里，咸而微涩，要屏着气嚼两下，否则呛人，一会儿就食水全消了。

砂仁、豆蔻，烟儿铺可不卖，要吃砂仁豆蔻得去中药铺买。砂仁产岭南，外褐内白，辛香爽口，饭后嚼几粒，确有去油化腻的功效。在北平盒子铺所卖香肠，灌制时要加上少许砂仁。砂仁出在岭南，而广东香肠又是全国知名的，可是走遍广府东江，凡是擅制香肠的乡镇，没有一家是加砂仁的。有一次我跟北平宝华斋曹掌柜聊天，他年轻的时候，南七北五到过的省份可不少。他说广东香肠要买回来自己蒸熟了，当下饭菜吃，北平酱肘子铺的砂仁香肠是下酒就饭吃的熟菜，买回家不用再蒸就可凉吃，加上点砂仁可以去腥。他说的虽然不无理由，可是否真的如此，就不得而知了。

　　依我个人口味，我是比较喜欢豆蔻的。豆蔻分草豆蔻、白豆蔻、肉豆蔻三种。草豆蔻、白豆蔻都出在广东。草豆蔻皮薄膜厚，以用为药材者居多。白豆蔻果实圆大而黄，籽粒均匀，辛香味浓，既可入药又可食用，所以价格较高。肉豆蔻以新加坡、苏门答腊生产的最好，香气强烈，除入药外，高级的可做香料。同学江晴恩有一年从新加坡考察市政回来，送了我一束塑料花，嫩叶卷舒，穗头柔红，花如芙蓉，叶渐展花渐出由浅而深，状极可人。他说这种花，新加坡叫她含胎花，杜牧诗所谓"婷婷袅袅十三余，豆蔻梢头二月初"。我才知道这就是人所艳称的豆蔻花。

先祖母小瓷罐里的白豆蔻都是实大粒壮的上品，我在读书时期，每逢隆冬匆匆吃完早餐入学，总要拿一两粒纳入袖里，在课堂上慢慢咀嚼。后来久吃成瘾，不吃总觉得胸口油腻腻的，直到考进大学住校，才把饭后吃豆蔻的习惯戒掉。

自从来到台湾，干似圆柱、独挺笔立、高耸入云的棕榈科树木，到处皆是，仅是何者为棕，何者是椰，还有哪种是槟榔树，简直分不清楚。至于卖槟榔的摊子，越往南越多，吃槟榔的人，满嘴鲜红的槟榔汁，唇摇齿转，随地吐啐，殷红一片。二三十年前，虽然大家还不知道，槟榔吃多了，可能由口腔溃疡，引起肝胃病、肝硬化、食道癌种种症状，仅是到处口吐鲜红似血的余唾，也就足够令人恶心的了。

有一年冬天到台中去开会，与会人员大半都住合作旅舍。旅舍门前有一个槟榔摊子，据说她家双冬槟榔闻名台中，不但槟榔选得精，而且荖花、甘草、石灰、牡蛎灰调配得更是恰到好处，甘辛苦涩甜，五蕴七香，入口之后令人酣曼怡然，醺醺似醉。同去的陈冠灵先生，是河北东光县人，在大陆时吃惯了槟榔豆蔻一类消食开胃的东西，听说此地有好槟榔可吃，不管三七二十一就拿了一粒，放在嘴里大嚼起来，谁知不到一刻钟，忽然脸红目赤恍如中酒，继之畏寒欲呕。我们一看情形不妙，立刻请了一位西医王文霖来，在针药兼施之下，人才稳定下来。

王医生说："石灰是强碱性物质，含嚼时容易破坏口腔黏膜组织，据最近台湾医学会

367

统计结果，好吃槟榔的人患口腔癌比率达百分之六十五以上，能不吃最好不吃。"王医生这番解说使我对台湾的鲜槟榔怀有戒心，连碰都不敢碰了。至于当年在大陆吃的各种干槟榔是否会跟鲜槟榔同样引起可怕的癌症诞生，当时匆匆忙忙未及询问。我想槟榔本身既有消食化水明目止渴种种益处，不加上石灰、牡蛎一类东西，为患应该不如此厉害的。

前清晚辈谒见长辈，依贵族的礼仪是递如意，一般旗族是递活计。"活计"在当年很流行，如今已成为古董，四十岁以下的人，不但没有见过，甚至没听说过。一匣活计多者十样，少者六样，内分大小荷包（大荷包装银锭锞子，小荷包装槟榔豆蔻）、扇络、箸套、刀套、怀镜套、眼镜盒、烟荷包等，质料分绫罗绸缎，做法有缂丝、平金、织锦、绘绣、篆绣、栽绒种种。如果出自璇闺妙手，则神针巧薾，比起香粉铺出售的精选上品还要名贵得多呢！

魏伯聪先生主持台湾省政的时候，有一次在台北宾馆招待外宾，有位法国籍的贵妇，是魏夫人郑毓秀博士留法时同学至好。那位贵妇的夫婿在北洋时代，曾任法国驻华武官多年，在北平住久了，也染上了吃枣儿槟榔的嗜好，每天中晚饭后，他总要吃上一两粒，才觉得胃纳舒畅，所以每年都要托人到苏门答腊买个十磅八磅枣儿槟榔，用红酒泡上一两个月，然后晒干收藏起来，随时取用。贵妇知道敬槟榔是中国的礼仪，筵席散后，她自己取用，当然要先敬魏夫人。哪知魏夫人正患牙疼，其时我正坐在旁边，于是魏夫人特别介绍我喜爱嚼槟榔，且对吃槟榔颇有研究。那位贵妇遇到同好，大喜之下，敬了我几块她特制的槟榔，乌梅女贞，隐含酒香，与蜜渍蒸醺者又自不同。可惜那种味涩微甘的珍食，又暌违二十余载了。

民国三十六年秋冬之交，跟游弥坚兄在台中晚餐之后闲着无聊，逛逛台中的古玩铺，罍卣尊彝大件头的东西他是毫无兴趣，累璧重珠更是不屑一顾。他专门搜寻一些不起眼儿的冷门货，瘤瘤蟠木，离奇轮囷。大概师古斋的严老板知道我们游市长的癖好，就从内柜拿出一对缂丝的荷包来请他鉴赏，拴荷包的丝绳上还挂着一个黄纸签儿，上面写着"赏毓朗"三个小字。严老板说，这对荷包是前清一位宗室，从大陆来台湾跟他住街坊时让给他的。据说这种小尺寸的荷包，都是装槟榔豆蔻用的，因为缂丝的荷包很少见，他就把它留下了。游问我毓朗是何许人，我告诉他毓朗是一位贝子，清末五大臣出洋就有毓朗，回国后帮助载涛训练新军，是载涛的得力助手。这对荷包如果是赏给毓朗的，当系上方珍赏，出自内廷。游也爱这对荷包色泽奥古彩错嵌金，就以极少代价买下来了。

最近台南民俗文物展览，会场里也有一对绣着一枝富贵花的红荷包展出，绣工质料，

就显得庸脂俗粉，是串百家门的礼货，跟游
兄收藏的那对简直无法比并了。

果脯、蜜饯、挂拉枣儿

　　早些年南方朋友到北平办事或观光，离开前总要带点北平的特产土产回去送送亲友。买文具多半是铜镇尺、电镀墨盒、细镂精雕各式印纽的铜图章；买点心少不得是大小八件，卷酥、菊花饼、小炸食、萨其马；如果想买点可口零食，十之八九要到干果子铺，买几样果脯，用匣子装好，带回家乡送人，那是最受欢迎的北平土产了。

　　北平的干果子铺，最早是以卖果脯为主体的，所以叫干果子铺。果脯有桃脯、杏脯、梨脯、苹果脯，还有金丝蜜枣去核加松子核桃等。果脯是什么朝代开始有的，现在已经漫无可考。老北平说，明朝末年就有人发明做果脯了。后来有人考证古籍，发现唐朝天宝年间就有了，明皇的宠妃杨玉环爱吃蜀地荔枝，是众所咸知的，每年五六月间荔枝一成熟，唐明皇就派专使，骑了驿马兼程飞取。杜牧诗里有"一骑红尘妃子笑，无人知是荔枝来"。到现在南国所产荔枝，还有一种叫"妃子笑"的呢。足证当时实有其事，否则不会把名种荔枝取名妃子笑的。

荔枝是一种水分多、糖度高、不耐久藏的水果，长安距离蜀地，虽非千里迢迢，可是驿马急足，递呈到御前后宫究竟是什么样的荔枝，简直不敢想象。《经史类编大观草本》有这样记载："福唐岁贡白暴荔枝，并蜜煎荔枝肉……"白暴是荔枝干，蜜煎就是蜜饯，那就是说在一千三百多年前唐朝时代，就有果脯蜜饯一类制品了。再往前推溯，按《三国志》的记载，就更早啦。《吴志·孙亮传》中云："亮后出西苑，方食生梅，使黄门至中藏取蜜渍梅。"照此看来，岂不是一千七百多年前，我们就会蜜渍水果甜食了吗？至于原始的果脯是什么样子，有人说和生果同样，不剥皮不去核，只是滤去水分，能够久藏，不虞霉变而已。自从时代进步，果脯经由御膳房成为上方玉食之后，才成为细品甜食的。

一九一三年以前，巴拿马举行国际商品赛会，北京隆景和干果子铺的少东，头脑很新颖，他想把自己柜上渍制的果脯送去赛会。可是老掌柜过分保守古板，说什么也不愿意，逼得这位少老板没办法，于是跟前门外大栅栏聚顺和干果子铺打商量，他把隆景和做的果脯每样拿了几斤，以聚顺和名义，亲自送到巴拿马会场去比赛。装果脯的坛子是加绿釉的粗陶，跟贴万绿丛中一点红漂亮商标的"台尔蒙"罐头产品、日本喜笑颜开像弥勒佛的标贴"福神渍"酱菜摆在一块儿，粗劣笨拙不说，而且还带点土里土气。可是国际裁判品评结果，认为展出的果脯，除了渍蕴果香外，还饱含东方食品的高华风味，吃完之后齿颊留香，令人难忘。当时中国果脯立刻成为世界公认的一种珍贵食品，聚顺和误打误撞，因此也得了大会颁给的金质优胜奖章，隆景和老掌柜后悔也来不及了。从此中国果脯畅销日本、东南亚一带，直到现在世界上还没哪一个国家，能制出像中国不加防腐剂而能久不霉变的果脯来。

据说欧洲有一个国家的食品公司，曾经派专人到中国来学习果脯渍制方法，但是一直没有成功。是欧洲的温湿度有问题，还是咱们敝帚自珍、秘不传人，就不得而知了。

北平一般住户，大都十分守旧，一到冬天家家都得生火御寒，虽然是装上烟筒、烧块煤的炉子，既安全又干净，可是十有八九，都宁可生煤球炉子也不肯装洋炉子（装烟筒烧块煤的，北平叫它洋炉子）。因此，如果时常吃点蜜饯，不但一冬煤气可以舒散化解，同时也不觉得口干舌燥了。

蜜饯又可称为"蜜煎"，虽然是用糖汁腌的果肉，却是中国糖制食品艺术上的一大创造，另有诀窍，不是人人都会做的。蜜饯制品最主要的原料是山楂、温朴两种带酸性的果子，此外就是海棠果、山里红了。北平卖水果的除了设摊营业外，稍具规模的叫"果局子"，所有蜜饯食品都是果局子出售。果局子长条案上，陈列着三尺左右白地青花的大海碗，上边一半盖着红漆木盖儿，一半盖的是玻璃砖，殷红柔秘，琥珀澄香，随便装上两罐，走亲戚看朋友带上，老少欢迎，不丰不俭，固甚得体，留为自用也颇廉宜。

当年金融界大亨周作民、谭丹厓两位，冬天请客，一定有蜜饯温朴拌嫩白菜心下酒，脂染浅红，冷艳清新，好看好吃兼而有之，后来连协和医院几位洋大夫也都学会，到饭馆小酌时，先点温朴拌白菜丝喝酒，说是开胃去火，您说绝不绝。

"挂拉枣儿"这个名词，笔者初时不懂它为什么叫挂拉枣儿，后来定兴县鹿腾九（清末大学士鹿传霖哲嗣）说："拉枣儿是把烤干的枣儿先剔去枣核儿，用粗麻线一个一个穿起来，每六十粒、八十粒，或一百粒穿成一挂。它跟醉枣儿都是河北省定兴县的特产，不过醉枣子离开酒后，不耐久贮，所以知道的人不太多。至于挂拉枣儿，多半是年终岁暮拿到平津去卖。挂拉枣儿要是烤得好，真是迸丝酥脆，茶酒均宜，行销地广其名乃张。"

　　北平是一到腊月，街上就有吆喝卖挂拉枣儿的了。北洋军阀中的李秀山（纯）是爱吃这种枣子成癖的，据他的公子说："老太爷吃挂拉枣儿，不管多脆，也要烤热，盛一碗冷甜酒酿来吃。"据说这样吃法可以消痰化气，究竟是否有效，此地没有挂拉枣儿，也就不得而知了。不过当年在北平，到了冬天睡热炕的老太太，总喜欢放几枚挂拉枣儿在炕沿儿旁边，说是碰上半夜咳嗽不停，嘴里含个挂拉枣儿慢慢咀嚼，也就能把咳嗽压下去了。

红白芸豆、豆腐丝、烂蚕豆

　　说句良心话，一般来讲，一日三餐，北方的饮食，似乎没有南方人来得精细讲究。可是北方人对于蛋白质丰富的豆类特别偏爱，于是有关豆类的吃法，也就花样翻新层出不穷了。

　　先说红白芸豆吧！这种吃食，一早一晚都有小贩沿街叫卖，有人拿它当早点，有人拿它来当下午茶。这种芸豆都是煮得软而不烂，撂一勺放在雪白的粗堂布上，用手捏成豆团子来吃。爱吃咸的，撒上一点自己调配的精细花椒盐；爱吃甜的，捏个葫芦或是"戟罄"（吉庆），里头包上碎芝麻细白糖，尤其灌上红糖熬的糖稀，红紫烂漫，入口甘沁。说实在的，那比北海漪澜堂的芸豆粒、五龙亭仿膳芸豆卷要味厚合口多了。

卖芸豆的小贩下街吆喝的少而又少，十之八九是一手拿着锣，一手拿着木片来敲打，街头巷尾谁家养着大笨狗，一听镗锣音响，一定狂号怒吠一番，究竟是什么原因，令人猜想不透。后来有位老人家说："假如畜犬吃了马粪，一听尖锐的铜器音响，立刻会觉得头脑胀痛，所以吠声不绝。"究竟是否属实，只有请教对动物有研究的专家了。

笔者所说的豆腐丝，既不是扬州镇江一带吃早茶下早酒、白而且嫩、欺霜胜雪的干丝，也不是武昌谦记的牛肉煮得软中带硬的豆丝。这种豆腐丝，虽然也是豆腐坊的产品，有人说却是从四乡八镇挑到城里卖的，城里豆腐坊根本不做豆腐丝，这项生意多半是挑着筐子下街卖。

豆腐丝的颜色灰里带浅褐色，如果不加

调味料，只是淡淡的熏味加豆香而已，本质非常筋道，吃在嘴里越嚼越香。您把经霜的白菜心切丝，跟豆腐丝加三合油（麻油、酱油、黑醋）凉拌着吃。北方冬天必定生火炉子才能过冬，不管是烧块煤，或是用煤球炉子，一冬下来多多少少总会感染点煤气，不时来盘白菜心拌豆腐丝吃，能够却煤气、降心火，对于一般人来说用处可大啦，比吃几丸子"牛黄清心"还管用。

卖豆腐丝的挑子，前头有个方木盘，豆腐丝都是切好一绺一绺码在盘子里，买豆腐丝叫抓几个子儿，几大枚的全凭用手一抓，从来没听说卖豆腐丝的用秤称、双方争多论少吵起来的。您看人家做生意有多仁义呀。

舍间有位打更的更夫叫马文良，河北涞水县人，他是武师沧州李的门下。他有两位师弟，在北平达王府看家护院，每月逢十八是他们师兄弟固定聚会之期，他们虽然都是练武出身，可都不动大荤，烟酒不沾。每逢师兄弟聚首，就是买十大枚豆腐丝（大约有一斤多），烙几张家常饼，大葱面酱一卷豆腐丝，来上一大壶酽茶。看着他们风卷残云、顷刻盘空碗光、狼吞虎咽、豪爽高迈的情形，让我们这些旁观者也能胃口大开。他们说豆腐丝卷饼特别耐饥，可是不好消化；所以尽管看人家吃得馋涎欲滴，自己只敢捏点豆腐丝嚼嚼，始终没敢卷饼来吃。来到台湾三十年了，甭说台北，就是其他各县市乡镇，还没见什么地方有豆腐丝卖呢！

烂蚕豆是北平最通俗的小吃，北方人对于吃蚕豆似乎没有江浙一带来得热烈。有一年笔者到上海办事，正赶上蚕豆大市，走遍上海的住宅区，家家门口外都有一大堆蚕豆空荚，赫德路小菜场外的蚕豆荚，简直堆得像小山，想不到上海人对蚕豆有那么大的兴趣。北方人除了吃炒蚕豆、蚕豆泥之外，小吃方面恐怕只有铁蚕豆、烂蚕豆了。

北平的烂蚕豆跟南方的发芽豆似是而

非：第一，颗粒比较硕大；第二，绝无虫蛀皱皮。卖烂蚕豆都是个人的小生意，手艺有高低，所以做出来的烂蚕豆，滋味方面也就大有差别啦。烂蚕豆都是焖好了，放在藤心编的笸箩里卖的，上头蒙一块浸湿了的厚布，怕让风吹干了。烂蚕豆讲究火候，豆子要烂而不澥，入口酥融，一粒一粒要分得开，拿得起来，要是成了一堆豆泥，那就不叫烂蚕豆啦。同时五香大料要用得恰到好处，咸淡方面更得有特别讲究，要白嘴当零食吃不觉咸，低斟浅酌当下酒的小菜不嫌淡，才算够格。一般下街卖的烂蚕豆，不分咸淡只有一种，可是专门做大酒缸门口生意的，可就分咸口淡口啦。

笔者当年在北平绒线胡同念中学的时候，中央电影院虽然计划盖大楼，可是还没动工。西城的学生想看电影，要是去平安、真光两家电影院，实在太远啦，不得已退而求其次，只好就近在绒线胡同西口中天电影院看了。当时演的不外是蛮荒艳异集一类连续影集,三天一换片子,每次演两集,扣子还拴得挺紧,真能吊学生们的胃口。三点半放学,逢到换新片子,总要看完四点一场,才肯回家吃晚饭。离中天电影院不远有一家大酒缸,代卖烂蚕豆。抓两大枚的足足有一大包,带到电影院当零食吃,不像嗑瓜子有响声,五蕴七香,愈嚼愈觉得味胜椒浆,怡曼畅适。

自从学校毕业,因为笔者当时不十分喜欢辛辣白酒,难得进一次大酒缸,所以连带吃烂蚕豆的机会也没有了。后来在上海大中华书场听书,场子里窜来走去尽是提筐携笥卖吃食的小贩,有一种发芽豆,味道跟北平的烂蚕豆极为相近,可惜火候不匀,有的太烂,有的过生,咸淡也就难期划一,自然吃到嘴里不对劲了。

来到台湾偶然跟一些老北平谈起了烂蚕豆,既无画饼可以充饥,也只有徒殷遐想而已。有一年到花莲,北方朋友请我在一个河沿小饭铺小酌，据说这家小饭馆葱爆羊肉是用铛爆，有点大陆口味，一试之下果然不差。当然对这位大师傅夸奖几句，哪知这位大师傅一高兴，把自己留着呷酒的小菜，当敬菜端了上来，一是蓑衣小红萝卜，一是烂蚕豆。二三十年没有吃过的烂蚕豆，想不到居然在花莲尝到了。虽然这两个小菜不值几个大钱，可是离乡万里，能尝到家乡风味，萦回心曲的情怀，我想天涯游子都能体会得到的。

华园澡堂子、西来顺褚祥

　　抗战之前，北平够得上叫清真饭馆的，在南城有元兴堂、同和轩、两益轩、萃芳园，东城有个大名鼎鼎的东来顺，西北城就找不出像样的教门馆子了。广安门里牛街一带，住的多半是穆斯林，遇有红白事，专门包办教门筵席的，大都聚居在沙栏胡同左近。

　　有一位世业厨师的褚祥，人都叫他"祥子"，不但脑筋动得快，而且口才也顶呱呱。没有几年，在跑大棚的厨行里，褚祥算是拔了尖儿啦。他最早在元兴堂学手艺，又在两益轩掌过厨，后来还在京汉食堂、撷英西餐馆学过西餐技术。他不单艺兼中西，而且眼光也看得远。他看准西长安街渐渐形成商业区，叫这个春、那个春的饭庄饭馆加起来就有十多家，可是唯独没有清真饭馆。赶巧靠天源酱园不远，有一家华园澡堂子收歇，铺底出顶。这个华园澡堂子，原本是一个高级澡堂子，比东西升平还要款式，只买单间没有大池，西跨院还有几间特别雅座，装有隔音设备。北洋时期长安街一带机关林立，财政部、交通部、盐务署、市公所、总统府都在这条街上。达官权要，有些不便公开的事务，差不多都到华园，找个房间去密谈。话没谈完，又不愿到饭馆去吃饭，就叫伙计到对面宣南春，叫几个菜来低斟浅酌边吃边谈。北洋时代结束，国民党中央机关随政府南迁，华园澡堂失去原有的天时地利，撑了不久只好关门大吉，褚祥就把整个铺底倒了过来，创办了一个新型清真饭馆——西来顺。

西来顺一开张，不单把两益轩、萃芳园的主顾拉过来不少，就连吃惯东来顺的老客人，也都要跑到西来顺来换换口味。其实西来顺的菜码比一般教门饭馆要贵一成到一成半，可是烹调方面，除品质保有清真馆固有的风味外，同时增加了若干新的菜式。

过去旧式饭庄，对于从外国引进新品种菜蔬如番茄、芦笋、洋芋、生菜，一律排斥不用，甚至调味的沙拉酱、番茄酱、咖喱粉、起司粉、辣酱油、鲜牛奶也坚决抵制。褚祥别出心裁，把黄焖牛肉条加上咖喱，人人夸说比西餐馆的咖喱牛肉有滋味多啦。他用高汤把白菜心、茭白、芦笋分别蒸烂，用鲜牛奶一煨，这盘扒三白银丝冰芽，银团胜雪，大家赞香誉味，后来成了西来顺的招牌菜。

他家有一道鸭泥面包。把新鲜吐司切成寸寸见方骰子块儿，然后用香油炸透，要脆而不焦，不要让风吹凉；（他也卖挂炉烤鸭，大家都是吃皮而不吃肉的）把鸭胸脯嫩肉拆下来捣烂（注意用捣而不用切），用极热高汤煨好，盛在有盖儿不散热的器皿里，上菜时把炸透的面包丁倒入滚烫的鸭汤中，一声

"哧拉"，比陈果老当年发明的"轰炸东京一声雷"，还来得吐馥留香清脆噗人。

褚祥有一道拿手甜菜叫"芋凸"，据他说是跟一位福建名厨学会了做芋泥而加以改良的。芋头蒸熟捣成芋泥，橘饼切成薄片垫底，铺上一层绿豆沙，放上加好油糖的芋泥，四周围上细豆沙，用蒸碗扣紧大火蒸一小时，以绿豆粉勾芡，淋在倒扣的芋凸上，起锅上桌。因为有橘饼，红条豆沙，明透柔香，比起单独芋泥又胜一筹啦。当年藏园老人傅增湘夸赞褚祥做的芋凸，是甜食中极品。老饕们在西来顺请客，总要点个芋凸来尝尝。

马连良在梨园行算是精于饮馔的美食专家。抗战刚一胜利，北平情形很乱，天上飞来的、地下钻出来的接收大员，有真有假，全都汇集平津。连良因为在沦陷时期，被迫参加"大东亚共荣圈"劳军义演，又到过伪满洲国去参加开国庆典，所以抗战一胜利，平时趾高气扬、出语尖刻的马温如立刻矮了半截，尽量跟各方面拉关系。他的多福巷寓所，每晚都是琦筵香醑，羽觞尽醉，变成了高级俱乐部。当时接收大员、前进指挥所各大员，每天晚上总要在多福巷吃完消夜才走。马连良因为每晚宾客云集，于是跟褚祥情商每晚西来顺封火后，他就到马家做顿消夜。褚祥的消夜时常花色翻新，大家大快朵颐。蟹黄烧卖、鸡蓉蒸饺、鸡肉馄饨是最受欢迎的。

前几天有位旅居美国的朋友回台湾来度假，他听人说，褚祥早于民国三十六年就去世了，旧金山厚德福餐馆有一位掌勺的，是褚祥的嫡传弟子。去年秋天我在旧金山，无意中走进厚德福就餐，不敢有什么奢望，目的只求吃饱而已。虽然只叫了一个葱爆羊肉，但见斜切葱段，肉片切得不厚不薄，难得的是用香油爆炒，火候恰到好处，目前台湾的北方饭馆或是教门馆子，还真爆不出这样滋味的羊肉呢。假如厚德福那位大师傅，真是褚祥的徒弟，就无怪有那么高的手艺了。

新剥"鸡头"糯又香

芡实在北方又叫"老鸡头",剥好的叫"鸡头米"。芡实生在濠濮潢泽之中,叶大而圆,平贴水面。面青背紫,花茎有刺,夏天茎端开紫色花,很像鸡头,所以才叫老鸡头。头里果实累累,还有几层含有黏液的软皮,因此剥取鸡头米不但手续繁复,而且一不小心很容易被硬刺扎破手。除了北平之外,在下只在苏州无锡吃过芡实米,其他各处只有晒干的芡实米当药卖,照《本草纲目》《雷公药性赋》阐示,芡实具有健脾利湿、去积滞等功效。

北平各种吃食,都是有节气管着,抗战

之前，比如说炰烤涮，任何一家饭馆，不交立秋，"烤涮"两个大字招牌，是没有哪一家敢挂出来的。自从日本军阀攻占华北一带，那一群土包子一吃涮羊肉，敢情比他们的鸡素烧滋味鲜美，再一尝烤肉，比他们铁板烧更是香而且嫩，因此不管夏日炎炎，虽然顺着脖子流汗，或烤或涮，照吃不误。可是人家卖老鸡头的，跟日本人沾不上边，依然是不交立秋，绝不挑着挑子下街。卖老鸡头呀，刚上河哟，他永远吆喝老鸡头，其实最嫩的煮出来之后，外皮浅黄，刚刚完浆，不但不好剥，而且也嫌嫩了点。真老鸡头煮出来之后，外皮颜色呈青褐色，要用砖头把外皮敲碎，剥开来吃，要有牙口，喜欢带点咬劲的，才爱吃真正的老鸡头。一般人大半都爱吃不老不嫩，煮好之后，外皮是深老颜色，老北平管它叫二苍子。这种鸡头剥好用清水漂洗干净，放在新鲜牛奶里加白糖煮来吃，甜醨九投，珠泛雪液。苏锡一带最讲究吃甜食小品，可是香糯清新，就是苏州荡口菱塘的芡实也有所不及。当年白发鼓王刘宝全就讲究吃鲜奶子煮鸡头米，他说："这种吃法既可补中益气，又能让嗓音打远，尤其是海淀天一堂一带河塘产的老鸡头更好，因为那一带水田是玉泉山泉水灌溉的，菱藕鸡头固然比别处生产的鲜嫩带甜，就是当地御田的红湛稻，又何尝不是一绝呢！"所以每年老鸡头一上市，他总要托朋友到海淀带点老鸡头回来尝尝鲜。

笔者一到秋天，老鸡头一上市，只要卖老鸡头的在门口一吆喝，天天买上二三十个，立刻叫人挑二苍子，煮熟了有空闲就自己砸碎剥着吃，不是此中人，不会领悟这份情调，没有时间就只好用牛奶煮来吃了。来到台湾一晃二十多年，不但没听说哪儿有鲜的老鸡头卖，因为这些年也没进过汉药店，究竟药铺里有没有干芡实米卖，还不得而知呢！爱吃老鸡头的朋友，听到说老鸡头馋不馋？

晶晶琢雪话"鸡头"

　　近年菜市摊头有新鲜莲子出售，蓦然间想起已凉天气未寒时，北平吃"老鸡头"的滋味来。跟吃过"老鸡头"朋友聊起来，无不馋涎欲滴，深具同感。"老鸡头"学名叫"芡实"，在台湾没看见过鲜芡实，仅中药店有干芡实入药。"老鸡头"虽然生长在湖沼地带，可是在沪宁武汉一带，还没有见过有挑担沿街叫卖"老鸡头"的。

　　北平城内泊淀极少，仅赖玉泉，一水回折，城南的金鱼池，城北的积水潭，都不种植菱藕鸡头，只有什刹海、筒子河及西郊海淀种植"老鸡头"，芳藻吐秀，紫蔓澄鲜。据

说下河采收，要在拂晓之前，芡实一隔夜丹
荑变色，即有苦涩之味，所以沿街叫卖都称
"'老鸡头'刚上河哟"。

　　"老鸡头"外壳除了长满短刺之外，真像
母鸡的头，顶端泛绿，紫蕊吐艳。因为全身
长满利刺，小贩都带有一具小钉耙，可以钉
住外皮，撕开验看老嫩。嫩者内皮柔黄，老
者内皮泛绿，不老不嫩名为"二苍"，皮色
黄中带绿，最受大家欢迎。嫩者煮熟后一剥
即开，用牛奶加糖煮熟来吃，珠蕊凝结，三
浆香泛，犹胜莲羹。老者外壳坚实，吃时须
用锤敲开外壳，剥出来吃，牙口好者说是果
肉若金，极富咬劲。至于二苍子清香馥郁，
甘旨柔滑，而且可以入馔。扬镇有一道小菜
叫"炒米果"，把糯米粉搓成细粒滚圆，与荸
荠、火腿，成细末同炒，名为炒米果，不但
宜饭而且宜粥。当年袁寒云以"皇二子"之
尊，每月都在中南海流水音举行诗钟雅集一
次。袁的夫人刘梅真是安徽贵池人，擅制炒

395

米果，经寒云指点，把米果易为二苍子程度的芡实米，果然其味甘纯，胜过米果。等到散席，闵尔昌、方地山两人独要把这盘残羹剩馥，打包带回，做文章时边看边吃，以助文思。现在，在台湾根本看不到鲜鸡头米，求其用鲜芡实代替米果的美肴，只有徒殷梦想了。

三不粘

　　这虽然是一道不起眼的甜品，但可算是真正北平的吃食，在北平也只有广和居才会做。广和居收歇之后，大师傅被同和居请了去，北平除了同和居，哪一家山东馆都不会做"三不粘"这道菜，同和居独沽一味，有二三十年之久。

　　提起广和居，是北平历史最悠久的一家饭馆，地址在宣武门外南半截胡同。根据清代名臣、大儒、逸士、硕彦私家记载，此居历经嘉、道、咸、同、光、宣六朝，一直到民国十六年北伐告成，朝臣筵宴、名流雅集，都以广和居为首选。潘炳年的"潘鱼"，吴闰生的"吴鱼片",江藻的"江豆腐",都是那位贵客亲入庖厨跟广和居掌勺的大师傅指点研究出来的名菜。广和居一收歇,同和居的东家恐怕名菜失传,于是不惜重金把广和居的头厨二厨一块儿延揽过来。

提起同和居,在清朝末年也是赫赫有名的饭馆,它是光绪年间才开业的,清代朝臣早期散值,原本是去西四牌楼北的柳泉居,或是缸瓦市的和顺居(俗称砂锅居),聚会谈谈朝议未了的事。由于柳泉居太吊脚,砂锅居又只卖烧燎白煮,既腻人又单调,南方大佬多半不习惯,于是同和居才应运而生。

前面所谈三不粘这道甜品,原本是广和居二厨老葛的拿手活,是他带到同和居来的。三不粘是"不粘筷子、不粘碟子、不粘牙齿",合肥李鸿章快婿张佩纶给这个菜取的名儿。其实这道菜并没有什么深文奥意,不过是糯米粉、鸡蛋白、猪油、白糖、桂花卤子少许而已,可是分量如何调配,火候怎样使用，另有诀窍，咱们摸不清楚罢了。以目前台北来说，挂北方招牌的饭馆可真不少，可是又有哪一家会做三不粘呢！这个甜菜可能就算失传啦。

糟蒸鸭肝

前两天同几位北方朋友，到一个新开的山东馆去小酌，有位朋友说："你是有名吃家，怎么到饭馆吃饭，你从来不点菜呢！今天你一定要点两个菜让我们尝尝。"我说："我之所以不愿意点菜，就是怕崩了手（意思是怕灶上没那份儿手艺）。"

跑堂的虽不是山东老乡，说话带点儿徐州府口音，马上接过来说："灶上红白案子，都是济南府来的，只要您点的是济南菜，大概做出来都不离谱儿。"他既然这么样说，我就点了个糟蒸鸭肝，他赶忙到灶上商量半天，回来说，今天柜上没买到清肝，如果用沙肝，恐怕蒸出来沙性重不好吃，您重点一个吧！
我说你们济南馆最会用糟，你就来个烩鸭条
鸭腰加糟吧！结果跑堂的忸怩半天，说今天
没预备白糟。大家知道我所说不假，于是让
跑堂的随便配几个菜，吃喝起来。

　　同座有位咸先生，他从前做过青岛东莱
银行的经理，他说："只听人家说北平丰泽园
的糟蒸鸭肝好，究竟好在哪里？"

　　我说："丰泽园在北平济南馆算是后起之
秀，他家老板主张美食必须要有美器来衬托，
他家糟蒸鸭肝，是用径尺大瓷盘，不是白底
青花，就是仿乾隆五彩，上菜时盘子上扣着
一只擦得雪亮的挑钮银盖子，一揭盖，只只
鸭肝对切矗立，排列得整整齐齐。往大里形
容，很像曲阜孔庙的碑林；往小处说，很像
一匣鸡血寿山石印章，看着就让人心里痛快。
这个菜的妙处，在糟香散馥，毫无腥气，火
候要拿捏得准，蒸好上桌不老不嫩，咸中带
甜恰到好处。北平名人萧龙友最爱吃丰泽园

糟蒸鸭肝，他说四川的肝膏跟济南馆的糟蒸鸭肝，可以说是南北二绝。现在台湾有不少济南馆甚至还有一家北平丰泽园，但是能够做出像丰泽园那样好看好吃的糟蒸鸭肝，恐怕还不太容易呢！"

炒桂花皮燴

前几天看见报上刊载，有一家饭馆有两道菜叫山东炒牛燴、河南炒皮燴。鲁豫两省我跑过不少地方，也吃过不计其数的大小饭馆，可是还没有吃过山东炒牛燴、河南炒皮燴。早年北平报子街有一家山东饭庄子叫同和堂，茶房头儿赵子和是北平勤行的首领，招呼客人那一套面面俱到，让您听着瞧着都特别舒服，他招呼客人那一套是无可挑剔的。同和堂虽然是大饭庄子，您若是同几位朋友去小吃，让赵头儿配几个酒饭两宜的菜，不但充肠适口，论价码，比东兴楼济南春一类馆子要少得多呢！

山东饭馆氽、爆、烩、熘，凡是属于讲火候一类的菜，都比较拿手，同和堂的烩菜尤为特出，烩鸭条、烩葛仙米，炒桂花皮煊，算是他柜上的招牌菜。烩鸭条必须选肥瘦均匀的填鸭，此地没有标准填鸭，自然也就做不出标准鸭条来。笔者来台湾三十多年，只有在佛光山下院一桌素筵上吃过葛仙米，有些饭馆连葛仙米都没听说过，更谈不上拿它来入馔了。

　　北方因为太监关系，忌讳"鸡蛋"两个字，所以炒菜加"鸡蛋"叫"桂花"，蒸菜垫底叫"芙蓉""卧果""甩果"，凡是能避免用鸡蛋二字的，都尽量避开不用。饭庄子每天从猪身上起下的猪肉皮，都用凉水泡起来，第二天挤虾仁、拔猪毛都是小徒弟们上午日常工作。等毛根拔净，冲洗之后，就用小线穿起来，挂在屋檐曝晒，大约头年货第二年才能干透使用。使用时先用南酒加热泡软，再检查一遍有无未拔净冗毛，然后切成细丝，下锅加油及葱姜炒熟。鸡蛋打匀，混入火腿末，浇在皮上同炒。因为火腿本身已有咸味，不必加盐，自然金缕泛香，莹如檐溜，拿来佐酒，比烤乌鱼子、炸虾片更高一筹。这个菜有四十年没吃过了，此间自命正统北方菜的大饭馆，您如果跟他们要一个桂花炒皮炸，十之八九堂口上的朋友，还会听不出所以然呢！现在无论哪省饭馆，都有新菜式，可是老的菜式失传的，也不在少数呢！

香气祕馫的菊花锅子

前天在花展市场看见两盆真正白菊花，普通白菊花，花瓣多半呈蟹爪形，花心泛绿，其味苦中带涩。真正白菊，花瓣挺放，花瓣花心一律纯白，当年袁寒云所写的《宾筵随笔》记述甚详，认为吃菊花锅子，必定要用这种菊花方称上选。

早年名坤伶刘喜奎，虽然花颜玉媚，可是禀质莲脆，饮食极为清淡。当时妇女尚不兴吃烤牛肉，冬季只有涮锅子、打边炉、锅塌羊肉等，她都嫌这些吃法肥腻浓腴。她未嫁崔承炽时，凡是冬季三五知交应酬场合，有喜奎在座，必定给她叫个菊花锅子。谈到菊花锅子，台湾虽然菊花品种不少，最近才发现有人育成了纯种白菊花，可是还没发现哪一家饭馆有菊花锅子应市。

北平的菊花锅子，以报子街同和堂做的最有名。北洋政府时期交通总长叶誉虎公余最喜欢在西山他的别墅"幻园"谈诗论字，研究金石，秋冬吃饭时少不了有一只同和堂叫的菊花锅子。

同和堂是北平八大饭庄子之一，因为没有戏台，所以布置得槛错落，花木纷绮，八大饭庄以包办筵席为主，只有他家兼供小酌，天梯鸭掌、锅塌鳜鱼都是他家的拿手菜。茶房头赵仲廉，是北平勤行的领袖，他说："同和堂的菊花锅子汤，绝不用鸡鸭汤，而是上好排骨吊的高汤，所以鲜而不腻，一清似水，锅子料一定是鳜鱼片、小活虾、猪肚、腰片，什件都是去疣抽筋一烫即熟，菊花选得精，洗得净，粉丝、馓子都用头锅油炸，所以没有烟燎子味儿。一个菊花锅子最后卖到一块二毛，连本钱都不够，算是应酬主顾的一道菜，来同和堂小吃，当然也很少就要一个菊花锅子的。"

同和堂的菊花锅子总是点好酒精才端上来，高汤一滚，茶房掀锅盖，很麻利地把几盘锅子料一齐下锅，头一滚再放菊花瓣，盖上锅一焖就连汤带菜，用小碗盛出来奉客。早年北平饭庄子上菜，很少有茶房分菜敬客的，只有菊花锅子是例外。因为大家筷子动慢，锅子料一烫老，鲜嫩尽失，就不好吃啦。来台湾三十多年，除了涮羊肉锅子外，四川毛肚火锅、东北酸菜白肉血肠火锅，饭馆里都有得卖，唯独不见有卖菊花锅子的，实在令人不解。

飘在餐桌上的花香

中国人不但味觉高，而且也是一个能吃、爱吃又会吃的民族。无论是天上飞的、山上跑的、水里游的、草里蹦的都可以入馔。除了这些山珍海味外，甚至有些花卉经过厨师妙手，照样可以上桌。

先祖慈在世时，每年寿诞必请同和堂饭庄来家会菜。舍下前庭有一株古榆树，同和堂庖人刘四，人非常的风趣，有一年，他忽然豪兴大发，采了些碧绿小榆钱儿（榆树的果实像钱，所以叫作"榆钱儿"），揉到已发酵的湿面粉里，加添脂油丁、松子、冰糖揉匀擀匀切片，一层层地叠起来，撒上红丝，上锅蒸熟，再切成菱形。论颜色是柔红映碧，入口之后，味清而隽，不黏不松，比起南方的松糕，更来得可口。可惜这家饭庄不久歇业，刘四也不知去了何处。虽然家人如法炮制，但不是太油，就是太干，前几天跟几位吃过刘四做的榆钱儿糕的老朋友谈起来，大家口水都要流下来了。

夏天时的丁香藤萝，引得狂蜂醉蝶回舞，饽饽铺门口贴起"新添鲜藤萝饼上市"的红纸条。饽饽铺藤萝饼的做法跟翻毛月饼差不多，不过是把枣泥豆沙换成藤萝花，吃的时候带点淡淡的花香。因为藤萝花在北平不是普通的花卉，得来不易，所以特别珍惜，不肯大量使用。

我住在北平粉子胡同东跨院，小屋三楹，东西各有一株寿逾百龄的老藤，虬蟠纠错，在巨型的竖架支撑之下，藤各依附刻峭崔嵬的太湖石上，灵秀会结。据说丁香紫藤，树龄愈老的愈早开花，所以别的地方花未含苞，而这两株老藤，早已花开满枝了。藤萝架下设有石桌石凳，据说当年盛伯希祭酒最喜欢于花开时节在花下跟人斗棋赌酒，更给这小屋取名"双藤老屋"。而舍下所做藤萝饼，经过名家品尝，一致赞好，也就成了一时名点。

藤萝花要在似开未开时，摘去蕊络，仅留花瓣，用水洗净，中筋面粉发好擀成圆形薄片，抹一层花生油，把小脂油丁、白糖、松子、花瓣拌匀，铺一层藤萝花馅儿，加一层面皮叠起来蒸。蒸熟切块来吃，花有柔香，袭人欲醉。可惜来台湾二三十年，始终没有看过紫玉垂垂整串的藤萝花。

北平西郊三贝子花园，是乐善园旧址。园里的鬯春堂四周叠石成山，环植槐、柳、桃、杏。当前有一座花圃，用石栏环绕，种满了玉簪花，叶绿如油，花洁胜雪。

豳风堂酒馆主人郑曼云，在前外第一楼经营玉楼春，生意发达。有一年春末夏初，我有几位上海朋友到北平观光，想看看当年慈禧太后临时夏宫，在豳风堂品茗休息，碰巧遇到郑曼云，坚留晚饭，并且说今天有分株摘下来的玉簪花，打算炸点玉簪花给我们下酒，也让南方朋友尝尝北平的稀罕物儿。敢情豳春堂前的玉簪花，是当年载涛贝勒从山东菏泽移植过来的名种，栽植堂前供老佛爷闻香观赏的。这种花每过两年分株一次，碰巧分株摘下了不少玉簪花棒，所以一定留我们尝尝鲜。

他把玉簪花剖开洗净去蕊，面粉稀释搅入去皮碎核桃仁，玉簪花在面浆里一蘸，放进油锅里炸成金黄色，另外把豆腐渣用大火滚油翻炒，呈松状，加入火腿屑起锅，跟炸好的玉簪花同吃。这道菜不能加盐，完全利用火腿屑的鲜咸，才能衬托出玉簪花新芽的香柔味永。自从品尝过这次珍味之后，看到河北江南甚至珠江流域都培植有玉簪花，可是仅仅在雕栏篱落的花丛里任凭散逸清香，却不忍心摘花掐蕊……

北平西直门外温泉村阳台山有一座寺院叫大觉寺，据说是辽金时代一座古刹，原本是一座小庙叫灵泉，明朝宣德皇帝爱它山势盘环，水流萦回，是个礼佛圣境，于是重加修葺，赐额"大觉寺"，并颁《大藏经》一部，永充供养。到了乾隆时代，又在后山建造一座舍利塔，后面就是西郊著名的龙潭，高寒涌翠，清可鉴人。殿左有一白果树，一望而知是几百年前的遗物。南院静室阶前有两株玉兰花树，擢颖挺秀，荫覆全院，初夏花荣灿烂夺目，比起无锡的香雪海更加出奇茂勃。住持一心是一位能诗、能画、善弈，又有海量的有趣人物，每年四月金顶妙峰山庙会之前，总要把平津两地知名之士，请到大觉寺来欣赏盛开的玉兰，并在花前吟诗、作画、拍照留念，一心还亲自入厨动手炸玉兰花。名馔上桌，一大盘鹅黄裹玉，微泛柔香，又酥又脆，让大家一快朵颐。北洋政府安福系要人李赞侯（思浩）跟一心是好朋友，每年寺里都把玉兰花晒干收藏，送给李总长。当年李赞侯在安福俱乐部春卮雅叙，酥炸玉兰片，还是一道名菜呢！

宋明轩主持"冀察政务委员会"时期，日本人虽然时时刻刻找碴儿挑衅，但是饭馆的生意却颇兴隆。东兴楼含有"旭日东升"好口彩，所以日本人对于东兴楼颇有好感，请客十之八九是在东兴楼。"冀察政委会"以及所属各机关，因为泰丰楼有乐陵人的股份，宋明轩为了照顾小同乡，总是光顾泰丰楼。东兴楼有个外号叫"二掌座"的厨师刘喜儿，原本是李莲英家厨房里的小帮手，清廷逊位后，李莲英退休出宫，家里用不了那许多下人，于是把喜儿介绍到东兴楼来了。李莲英是东兴楼的大股东，碍于情面，只好把他安置到灶上。偏偏这位喜儿又好自吹自擂，好像他是御膳房出身似的，大家看在眼里，谁也不愿意跟他计较，给他起了个外号叫他二掌座的，也不过讽刺他像个二掌柜的而已。

有一天日本一位名人在东兴楼宴客，刘喜儿做了一道清汤余竹荪加鲜茉莉花，那位名人品尝之后赞不绝口，并且大肆渲染一番，想不到刘喜儿就此变名厨，大红大紫起来。声望一高，架子也端起来了，天天吵着涨工钱，后来主事的实在不胜其烦把他辞退，于是他转到泰丰楼来，碰巧宋明轩吃了他的茉莉竹荪汤，也是赞赏有加，这道菜变成当时的一道名菜，平津两地的山东馆，酒席上再也少不了这道汤菜。记得"政委会"的军需处长刘金镛在长椿寺给他去世的老娘做百龄冥寿时，筵开一百多桌，汤菜就用茉莉竹荪，因为桌数太多出菜快慢不一，茉莉花被热气熏得过火，味道大失，从此席面上也很少见到这道汤菜啦。

台湾一入冬季，天虽然不冷，可是各式各样的火锅却陆续应市了。除了全省盛行的什锦火锅以外，老北平的羊肉涮锅、东北的白肉血肠火锅、江浙的糟味火锅、四川的毛肚火锅、潮汕的沙茶火锅，甚至韩国的石头火锅、日本的寿喜烧火锅，应有尽有，独独想一样地道的菊花火锅，可就不太容易了。北平的山东馆一到重阳，都准备菊花锅应市，据说前清有位河督驻节济宁督工，在一位乡绅家看到几盆所谓"银盘落月"名种菊花，玉髓绝尘，在那里呈芳吐艳。这位河督大人忽发奇想，如果把菊花入馔，一定别具风味。主人立刻遣人摘了几朵正在怒放的白菊花，交给厨下去蕊留瓣，做了一只菊花锅子上桌，大家品味之下，果然清逸飘香。座上有位老夫子，颇谙药性，他说秋菊只有白色者平肝舒郁，而那些嫣红姹紫的只适合观赏，尤其花蕊花粉令人作咋，更应忌避。所以后来菊花锅只用白菊，其他杂色菊花，全都摘而不用。

北平各饭馆的菊花锅，以报子街同和堂最有名，据说这家的主厨，曾当过官差，柜上每年都准备白菊花，以供采撷。同时菊花锅子的清汤，一定要吊得清醇澄郁，并且禁用猪肝虾仁一类配料，以免把汤弄浊。鱼片、腰片、鱿鱼、山鸡等，都是切得薄而如纸，一烫就熟，才能鲜嫩可口，同和堂的灶上颇知个中三昧，所以冠绝一时。

抗战之前有一年春天，知友李竺孙治事之余，忽然游兴大发，约了我同另外两位友好，从上海到无锡的鼋头渚。逛完蠡园大家都有点饿了，园外有一家小茶馆，可惜只供茗饮，不卖小吃。友人周涤垠少年好弄，闻得灶上氤氲环绕，不时吹来一股形容不来的馨香，后来打听出蒸笼里是玫瑰香蒸饺，是他们家人吃的下午点心。我曾经吃过北平饽饽铺的酥皮玫瑰饼，虽有花香，但嫌甜腻。经周兄情商请他转让一笼，主人家看我们都是上海来客，居然慨赠一笼。饺子大不逾寸，澄粉晶莹，隐透软红，沁人心脾。原来他们把隔年干紫的玫瑰花瓣，跟核桃碎末、蜂蜜拌匀，做成馅儿包的，比之鲜玫瑰花的，更显得文静浥润高出一筹。同时颇为奇怪，村野农家，何以会做这些精细甜点自己享用，敢情茶馆主人的慈亲系出名门，这些甜点是他们用来娱亲奉母的。我们打算厚给茶资，他们又不肯收，涤垠兄腕上常着四川名产嵌金乌风藤手镯，算是送给老人家活筋养血之用的，他们才欣然笑纳。后来虽然吃过不少玫瑰馅儿的甜食，比起这次吃的玫瑰香的蒸饺，总觉逊色多了。

近年来有人把金盏花、康乃馨、郁金香的花瓣切成碎片，放在饮料或点心里，倒也色鲜味美。不久前在朋友家小酌，他们把紫罗兰花片抹在有乳酪的沙拉上，暗香送馥，不但别具一格，更有诱人食欲的魅力呢！

同和堂的天梯鸭掌

中华电视台的《烟雨江南》连续剧，演到王镖头在同和堂约御前退休侍卫荣敬跟甘凤池便宴，有一道菜叫"天梯鸭掌"。这道菜确实是同和堂的拿手菜，舍间跟他家交往多年，笔者也仅仅吃过一两回而已。平日大筵小酌您要点天梯鸭掌，茶房一定回说调和不全，没有准备，表示歉意。同和堂当年生意很广，大主顾有城里城外的大干果子铺跟西口北口的大皮货庄等，一请客就是几十上百桌。北平各大饭庄有个不成文的规矩，每年年底封灶之前，由东家或大掌柜的出面，分批宴请有交往的主顾，谢谢一年的照顾，同时告诉主顾，新正开座的日期。凡是头年吃过哪家饭庄子封灶酒，开年请春厄，不会照顾到别家饭庄子去的。

每家饭庄封灶酒，当然都是一些拿手菜，同和堂的头菜就是天梯鸭掌了。早年吃烤鸭是不带鸭舌、鸭掌的，每家山东馆都有烩鸭舌、鸭腰，都是烤鸭身上割下来的。至于鸭掌卸下来之后，用清水泡一天，顺纹路撕去掌上薄膜，然后用黄酒泡起来。等到把鸭掌泡涨，鼓得像婴儿手指一样肥壮可爱，拿出来把主骨附筋，一律抽出来不要，用中腰封肥瘦各半火腿，切成二分厚的片。一片火腿加一只鸭掌，把春笋或冬笋也切成片，抹上蜂蜜，一起用海带丝扎起来，用文火蒸透来吃。火腿的油和蜜，慢慢渗过鸭掌笋片，腊豕笋香，曲尘萦绕，比起湖南馆的富贵火腿，一味厚腻，似乎腴润更胜一筹。笋子切片，好像竹梯，所以名之"天梯鸭掌"。当年"洪宪"左内史阮斗瞻（忠枢）对于同和堂的天梯鸭掌，最为欣赏，高邮宣古愚旅居北平时请客独是同和堂，阮斗瞻跟宣古愚、陈一他们吃过同和堂的封灶酒，一直念念不忘。后来阮独自去了几次同和堂点天梯鸭掌，柜上伙计都回说调和不全，没能吃到嘴。有一次他跟杨云史慨叹说："吃同和堂的天梯鸭掌比起老总放个巡阅使还难。"虽然是句笑谈，足见这道菜是多么金贵啦。同和堂自抗战军兴就歇业，往后"天梯鸭掌"也就成为历史名词了。

河鲜冰碗、水晶肘、荷叶粉蒸一把抓

北平西北城有个地方叫"什刹海",玉泉流霞,潆洄停洄,长夏将临,绿荷含香,芳藻吐秀,商贩云集,立刻辟为荷花市场。要等秋蝉噎露,炎歊洗净,才结束一年一度盛会。

靠近后海有一家叫"会仙堂"的饭庄子,高阁广楼,风窗露槛。晚清末年名公巨卿在此时有文酒之会。到了民国初年,因为僻处城北,除了每年暑季芙蕖潋滟,趁着荷花市场热闹一阵子外,到了西风催雪,偶或有些骚人雅士登楼小酌,咏觞一番,稍有点缀而已。这家饭庄伺候殷勤,视野开阔,我对它倒也颇具好感，每年夏天总要光顾几次。

　　舍亲李榴孙、知友宋一龛，还有摩登诗人林庚白都是喜欢喝果子酒的。有一年时届中伏，火伞高张，林诗人一再嬲我找个地方暂避尘嚣却暑消夏，以遣长日。我忽然听到门口吆喝卖老菱角的，灵机一动想起了什刹海，拉着他们三位直奔后海会仙堂吃河鲜冰碗喝果子酒去。

　　会仙堂因为地近荷叶田田的十里莲塘，到了仲夏随时有新鲜菱藕可采，所以他家的冰碗就精彩啦，鲜莲雪藕、芡实、桃核、杏仁、榛瓤，外加剥皮去核的红杏、水蜜桃、白华赤实、冽香激齿，配上他家窖藏的南海竹叶青，开樽恣飨，确能暑焰顿消。宋一龛酒量虽差，食量却宏，吵着有此佳酿，岂可无珍看美味。其实我早关照堂倌，预备一盘水晶肘儿、一碗荷叶粉蒸鸡、烤馒头片、荷叶绿豆稀饭来佐餐了。

　　他家的水晶肘早年曾经张香涛（之洞）

品题过，认为洁净无毛，浓淡适度，冻子嫩而不溶，可以放心大嚼。经此赞誉，水晶肘儿立刻成了他家的名看。荷叶粉蒸一把抓（一把抓是雏鸡）是会仙堂的拿手，会仙堂因为门外就是什刹海，所以荷叶取之不尽，老嫩遂心。天一蒙蒙亮，这时露珠盈碧，翠盖澄鲜，就按二八的比例挑选最老和最嫩的荷叶采回来洗净备用。一把抓的雏鸡剁成八块，用自制的米粉加入茯苓粉三成加作料拌匀，用老荷叶包严，上锅蒸熟备用。上菜之前，再改放在嫩荷叶里蒸热上桌，清飕流齿，香而不腻，用来就馒头片、荷叶粥吃，虽在盛暑，绝无肥酞的感觉。李、林两人每逢入霉就有暑夏闹湿气不思饮食的毛病，自从这一餐之后，认为颇具开胃功效，于是他们两位夏天就成了会仙堂的常客啦。

燕京梨园知味录

北平梨园行，讲究排场，而精于饮馔者，首推温如马连良。马天方教人，坐科富连成，头脑新颖，便捷善辩。渠最爱吃前门外教门馆"两益轩"之炸烹虾段，每届对虾盛产，必邀朋同往，大嚼一顿。叫此菜时，必特别关照，用八寸盘盛，吃罄一盘，再来一盘。有时连续吃三四盘，但必须分盘分炒。盖此菜秘诀在快炸透烹，如果十对八对大虾一锅炒，则虾肉老嫩不一而不入味，试之果然。

抗战胜利后，马因华北伪政权时期，曾组团赴伪满长春参加某项庆典，乃被列名汉奸。马除暗中找门路，托人说项外，表面则谢绝一切演唱，闭门思过。另一方面，将西来顺头灶满巴，延为特约厨师，每晚柜上熄火，即去多福巷马家承应，准备消夜。胜利之初，天上飞来者，地下钻出者，真真假假之各路英雄，无不以一尝马家鸡肉水饺、鹅油方谱、炸假羊尾，为无上口福。当时之马大舌头，堪称北平梨园行美食专家矣。

姜妙香名纹，行六，因其为人方正，同行叫他姜圣人。姜出身百顺胡同云龢堂，该堂素以烹调精美脍炙人口。姜耳濡目染，固吃过看过饮食行家也。但渠对鱼翅、燕菜等高级海味，了无兴趣，偏爱水爆肚一味。北平卖水爆肚，多为天方教人，绝不掺有牛肚，售者多为设摊营业，器具桌凳，均洁净无尘。作料临时现调，每人一小碗，羊肚亦现切现用水爆，手艺优劣，即在此一余，时间稍过，即老得嚼不烂，火候不足，则又咬不动。北平各庙会暨天桥，均有这种吃食摊子，但手艺最好顶出名者，则为东安市场润明楼前空地上之老王爆肚摊。

吃爆肚名目繁多，分肚头、肚领、葫芦、散丹等七八种，不是精于此道者，根本叫不出这些名堂。每摊必定设有两三个尺二白地青花大冰盘，用刷得雪白的锅圈架起来，冰盘里放有整块晶莹透明的冰砖，羊肚分门别类铺在冰砖上，外用洁白细布盖上。客人要什么地方，切什么地方，切好一尜，蘸着作料吃，打二两二锅头，再来两个麻酱烧饼，既醉且饱，所费有限。姜圣人说，吃一顿水爆肚，转过身来再听段赵霭如有荤有素、亦庄亦谐的相声，真能消痰化气。只要吉祥园有戏，他的中饭就照顾爆肚王了。

缀玉轩主梅兰芳，艺绝一时。梅生于旧京，长在北平，但其先世，实为江苏泰县梅家堰人。故其饮食口味，偏重于南方者居多。梅自成名后，虽极力避免各方酬应，但推不开之大宴小酌，仍无日无之。渠与较为投契朋友相聚，不是城外春华楼，即是城里玉华台，两家口味，皆近淮扬。若遇知交小叙，则必趋恩承居。肆在前门外陕西巷，位于花柳丛中，小屋数椽，雅座仅只两间。后院辟地三弓，略置花木，暑天可在院内临时设桌，当风饮啖。柜上自承为粤菜馆，实际有几样广东菜，确乎够标准，堪称拿手，可是有几样北方菜，比诸致美斋、济南春亦不多让。味谐南北，食兼东西，北平一般会吃老饕，称之为"小六国饭店"，恩承居原名，反而其名不彰。

梅至恩承居必点鸭油素炒豌豆苗，炒菜之油绝对用鸭油，毫无掺假。豆苗都用嫩尖，翠绿一盘，腴润而不见油，入口清醇香嫩，不滞不腻，允为蔬食隽品。另一味为蚝油鳝背，该居主人最嗜蚝油，每岁必由广东香山大批采购，用原装木樽运北平，故所用蚝油，确系香山所制极品。所用鳝鱼，亦必粗细相等黄鳝，剔选切片，炒出上桌。鳝肉老嫩一致，不会有一块肉粗、一块肉嫩的情形。

日久，跑堂知梅大爷嗜此两味，每遇梅来，不等叫菜，即招呼灶上备料上菜，列为敬菜，不劳梅老板再点一遍矣。戏剧大师齐如山，亦有同嗜，对该居炒豆苗特别欣赏。每要此菜，必叫柜上到同仁堂打四两绿茵陈酒，边吃边喝。黄秋岳谓此菜配此酒，可称为"翡翠双绝"，诗人吐属不凡，此一雅称，殊觉清新可喜。

抗战胜利，某公在上海红棉酒家举行忘年会，筵开两席，到者多为各界名流，兰芳亦与盛会。红棉素以选料精纯，称雄上海粤菜帮，客有知梅所嗜，特点豆苗一味，座客有曾吃过恩承居炒豆苗者，浅尝之下，以纸餐巾书"恩承翡翠双绝味，不许人间再品尝"十四字以示梅。盖抗战日久，花事凋零，恩承居早已停歇，翡翠烟冷，醰醰之味，只有寄诸怀想而已。

上海之炸臭干，芜湖之臭面筋，北平之臭豆腐，其臭虽一，其味各异。北平臭豆腐，均系店售，大多一间门面小铺，夏季雨后新晴，亦有小贩趸来沿街叫卖者，平素想吃臭豆腐，非辛苦两条腿，自己去买不可。

北平"真王致和"，设在宣外西草场铁门，虽只一间门脸，而其牌匾则颇为讲究。柜台竖一立匾，朱书"臭腐神奇"四字，字各径尺，传系伊犁将军志伯愚某科任北闱主考，出闱时，值王致和来求墨宝，将军素嗜此味，即用朱笔书赠。都中父老相传，闱中朱笔，乃魁星点元之用，得之者大吉，从此臭腐乃成王致和金字招牌，生意兴隆，其他各家均莫能争。梨园中名武丑王长林最爱吃臭豆腐，谁家所制，发酵到家，味正而纯，到嘴一试，便能尝出，亦推铁门王致和为第一。乃子福山，某次与人聊天说：他的老人家，能做出一桌臭豆腐席。话虽近谑，由此可知臭豆腐亦可做出其他佳肴，惜此老早已逝世，令人徒然流涎三尺耳。

恩承居的"善才童子"

高阳齐如山先生不但博学多闻，而且是美食专家，当年北平大小饭馆，只要有一样拿手菜，他总要约上三两知己去尝试一番。

北平陕西巷是花街柳巷八大胡同之一，北方清吟小班大部分集中此地。偶然间齐先生发现陕西巷有一家小馆叫"恩承居"，而且是广东口味，不但清淡味永，而且菜价廉宜，从此恩承居成了他跟梅畹华（兰芳）几位知己小酌之地了。有一次，梅畹华的秘书李斐叔跟我打完地球（现在的保龄球，早年叫地球），在珠市口碰见齐如老、梅畹华联袂而来，预备到恩承居吃晚饭，正感觉两人太少不够热闹，恰巧碰见我们，于是拉我们同去。我起初认为花丛之中能够有什么好的饭馆，如老说："你尝过就知道了。"

恩承居是五六个座头小屋，既无单间，又无雅座，客人如果怕吵，旁边有个小院，竹篱泥地，淡然雅洁。如老让伙计叫了一份儿"善才童子"，配了两个酒菜，老规矩四两同仁堂的绿茵陈。中国南北各省的饭馆，我吃过的也不算少啦，可是"善才童子"这个菜名，我从来没听说过，更甭说吃了。

结果菜一端上桌，"善"是药芹炒膳鱼片，"才"是口蘑柴鱼汤，"童子"是蚝油滑子鸡球。菜名新颖别致，菜更味醇质腴、滑而不腻，深合我这不喜重油厚腻的胃口。据说恩承居很有几道拿手菜，是画家金拱北的少君亲自入厨调教出来的，后来好吃朋友给恩承居起了一个别名，叫它"小六国饭店"。卢沟桥炮响没多久，它就关门大吉。往事成烟，知道北平小六国饭店的恐怕不多了。

令人难忘的谭家菜

近几十年来，川滇一带讲究吃成都黄敬临的姑姑筵，湘鄂江浙各省争夸谭厨，如果到了明清两代帝都的北平，要不尝尝赫赫有名的谭家菜，总觉得意犹未足，似乎觉得有点没玩够，缺点什么似的。我提到谭家菜，一般老饕总喜欢把谭家菜跟谭厨两者互相比较，其实两者是似同实异，两不相侔的。

谭厨是因为组庵先生尊人在广东游宦多年，所以调教出来的厨师，骨干仍旧是羊城风味。不过组庵先生深恐老人齿脱胃弱，所以精研之余，无论烧烤炖炒任何菜式，尽管腴润浓厚，一切都以软烂柔嫩为主，再加上湘菜固有的烹饪手法，于是形成驰誉大江南北谭厨独特的风格啦。

至于谭家菜，在民国初年，知者尚不甚多，到了曹锟贿选，登上总统宝座，八百罗汉整天花天酒地，饮食征逐，讲求割烹之道，偶然有人发现谭家菜颇得调羹之妙，再加好事者起哄，于是谭家菜由驰誉公卿之间，名满京都矣。

谭家菜的主人谭祖任号篆青，乃祖玉生是道光年间举人，乃父叔裕是同治年间进士、翰林院编修。他本人是光绪末年的拔贡，地地道道是簪缨世家，书香门第。谭不但古文骈文都能，诗词更是风骨放荡，清劲冷艳。同时精于赏鉴，庋藏的古玩字画也颇有几件珍品。

民国初年谭在财政部给李思浩总长司笔札，当了几年机要秘书。北伐后又到平绥路局担任专门委员。他生长百粤，久客京华，宦途安稳，又都干的是些笔墨闲差，有钱有闲，因此朵颐福厚。在饮馔方面，能够下点工夫，窃搜冥想，由约而博，由细而精，捭豕燔黍，蒸凫炙鸠，而使谭家菜传遍迩遐，甚至国际美食专家，真有远涉重洋到北平一尝异味的呢！

谭篆青最初是用厨师的，他的厨子是在杨士骧家担任小厨的陶三。陶在杨家为了点小事拿乔离开杨家，经由当时财政部次长朱耀东的推介，来到谭家司厨。陶三既是出身讲究割烹饮食之道的杨家，当然手艺不同凡响，谭篆青食而甘之，不能须臾离陶。可是陶的脾气戛古，不能不时刻提防，篆青先生生怕好景难长，无以为继。所以就让他的如夫人（后来大家官称的阿姨），天天下厨房，名为给陶三打下手，实际是想借机会偷学几手绝活儿。陶三知道阿姨用心所在，自然不肯痛痛快快说个明白，凡事都要留点偷手。就是这样藏头露尾，谭篆青爱吃陶三所做的几样拿手菜，阿姨也就陆续偷学了十之八九。

谭篆青有位姐姐，他们是祖字辈，名叫祖佩，于归陈公睦。公睦是岭南大儒陈澧（兰甫）先生的文孙，也就是现任驻梵蒂冈教廷"大使"陈之迈的尊人。陈府是鼎食之家，公睦对割烹之道，素具心得，加上夫人又是一位女易牙，自然陈府的菜，也就卓然成家了。谭篆青饕餮成性，有此良师，焉能放过。于是又让自己如夫人带艺投师，拜在姐姐门下细心学习。因此谭的如夫人，一人身兼岭南淮扬两地调羹之妙了。后来陶三终于让中国银行用重金挖走，于是由阿姨独挑大梁，正式亲主庖厨，就是后来大家交口称誉的谭家菜。若是追本溯源，谭家菜底子是淮扬菜，并传岭南陈氏法乳，去其浓腴，易为清醇而集大成的。

笔者第一次吃谭家菜是在民国十五年的秋天。光绪十五年（1889）己丑正科榜眼江西李盛铎，跟先伯祖文贞公是会试同年，有一天由李发起大家在北平旧部奉天会馆，给冯（煦）梦华太世丈桃觞祝寿。由伦贝子、侗五爷任戏提调，"四大名旦"、小楼、叔岩个个粉墨登场特别卯上，侯俊山、田桂凤也都重做冯妇，爨演拿手好戏。

木斋太世丈带我先到奉天馆听戏，晚间吃谭家菜给夏寿田前辈返湘饯行。当时笔者尚在中学读书，一边吃一边还惦记奉天会馆杨小楼的《安天会》偷桃盗丹的身段。同时酒席筵前都是些有科名的翰林前辈，所谈的人物故事有听懂还有听不懂的，所以只有低头闷声吃菜，盼着早点散席，再回奉天会馆，听田桂凤、余叔岩的《战宛城》。

好不容易大家兴尽散席，于是又坐李木老的马车回座听戏。路上木老问我谭家菜的味道如何，当时在我是听戏重于饮馔，那一餐饭真是猪八戒吃人参果，囫囵吞下。对这一餐酒席，只有香喷喷、油润润、红炖炖印象而已。哪里还说得上哪一道菜的好坏。

到了民国十七八年，谭篆青玩日愒月、

花光酒气的生活再也支撑不住，于是把西单牌楼机织卫住宅，布置了两间雅室，由其如夫人亲主庖厨。名义是家厨别宴，把易牙难传的美味公诸同好，其实借此沾润，贴补点生活费倒是真的。当时春华楼、东兴楼的燕翅不过十六元一席，而他府上的谭家菜常客至少也要八十元一桌，生客那就非百元莫办了，同时真正出钱的主人只能约请八位贵宾，还要留一席给主人入座。

最初谭氏窥知宾主都非俗客的时候，他也欣然陪座。等到酒酣耳热，逸兴遄飞，遇到谈得来的雅客，他会把窖藏的羊城双蒸供客品尝。或是醉饱之余，用精美的茶具，捧出大红袍、铁观音之类茗茶款客，烹煎翠影，沁入心脾，大家连啜怡然，算是这一餐的额外收获。

有一年舍亲李木公斐君昆季，从上海到北平来搜罗古玩字画，合肥蒯若木丈请吃谭家菜，并且请了大词章家桐城马其昶通伯、陈散原父子、画家湖社金北楼，笔者自然也忝陪末座。删老为人风趣豪放，同时预留两座，除了谭篆青外，并且也请他如夫人一同入席。凡是假座谭府宴客的，从来没有给他那位阿姨留座入席的，删老这手算是创举。木公对古董的鉴赏能力，那是中外知名的，马通老、散原先生的诗古文词，以及金北楼的画，都是谭公仰慕已久的前辈大儒，阿姨这次又有这样的风光十足的面子，这一席菜自然是刻意求工，珍错悉出，在座的诸公自然也都觉得朵颐多福，饱饫珍馐了。

烹调高手美食大师张大千说过，谭家菜的红烧鲍脯、白切油鸡为中国美食中极品。他的品评可以说允执厥中，一点也不浮夸溢美。谭家菜每桌酒席都少不得有红烧鲍脯或红焖鲍翅。香而且醇、腴而不腻的鲍翅，在下倒是吃过很多出自名庖家厨的精品，可是像谭府的红烧鲍脯那样滑软鲜嫩，吃鲍鱼边里如啖蜂窝豆腐，吃鲍鱼圆心嫩似溶浆、晶莹凝脂色同琥珀一样，别处从未吃过。大千先生说是极品，在下认为简直是神品啦。

谭府所用鲍鱼据说都是从广州整批选购来的，过大过小都要剔除，鲍脯发足后，要跟小汤碗一般大小，才能入选。首先把新的细羊肚手巾，在原汁鸡汤煮透待凉。然后用手巾把发好的鲍鱼，分只包紧，放在文火上慢慢烤嫩，接近收干。这时鲍鱼肌里纤维全部放松，自然鲜滑浥润，不劳尊齿加以咀嚼，自然柔溶欲化啦。

至于一味白切鸡，做起来更麻烦，首先鸡要从小油鸡养起（当年虽然没有洋鸡、土鸡之分，可是讲究吃鸡，要用腿上有毛的油鸡才能肉嫩汤鲜），不但要用特别饲料，听说还要喂酒糟，喂草虫，鸡肉才能鲜美活嫩。鸡龄以十六个月到十八个月才算适龄，鸡的胸颈间有一块"人"字骨，摸上去软而有弹性，就恰到好处了。"人"字骨一硬，肉就发柴，只能吊汤而不适于做白切鸡啦。大千先生说白切鸡是滚水里烫熟的。当年东兴楼糟烩鸭条的鸭肉，就是开水里烫熟的，凡是鸡鸭要求其滑嫩都采用这个法子，倒不是谭家菜独有的手法。

篆青先生后来在平绥铁路任职，跟舍亲李家麟兄同屋办公。两人都爱听杨小楼，捧刘全宝，嗜好相同，自然渐成莫逆。家麟兄家住上海，只身在北平，所以就常来我家吃喝消遣。有一次他跟我说，谭家菜的酒席你吃的次数太多了，可是谭家的便饭菜，你一定没吃过，改天我请你到谭家吃家常菜。有一天约好到谭家晚饭，果然只有宾主三人，异常宁静，适于聊天。平素去吃谭家菜，虽然也有几次跟篆青先生同席，可是言笑交杂，觥筹交错，未便细通款曲。这一次座无别客，倾谈之下，谭公才知他的令亲陈兰甫前辈，曾经在舍间广州寄庐的同听秋声馆担任西席，给先祖昆季传经授业。陈府有几样北方口味的佳肴，还是从舍间学去的呢。既然有这一层渊源，当然越谈越高兴啰！

那一天大家讲好只吃饭不喝酒，所以能够细细品尝一番。

第一个菜是姜芽口蘑丁炒虎爪笋，虽然是一道素菜，可是也够讲究的。在北平吃口蘑不算稀奇，可是用口蘑丁而且都跟算盘疙瘩一样大小，那就要加工细选了。尤其是虎爪笋出在天目山，每只长仅逾寸，孤鳌独耸，酷似虎爪。笋要发得恰到好处，炒出来笋肉才能如同玉脂初畜，清淡味永。

蟹黄扒芥蓝，这道菜别名碧绿珊瑚，是地地道道的广东菜。蟹黄要用秋天熬的蟹膏，虽非阳澄毛蟹，也是胜芳顶盖黄，所以不论什么季节都是膏满脂肥。加上芥蓝只取嫩尖，配合适当的火功，自然是飞红染绿，色香诱人入口鲜沁。

有一味菜是浓焖鸭掌，岭南厨师都会在鸡爪鸭掌上动花样，所以菜式也比别省为多。凡是配菜有多余的鸡爪鸭掌，洗净去膜，都泡在高粱酒里。泡过三几个月，鸡脚鸭掌都泡得像乳婴幼指，茁壮肥嫩，用白汤加调味料红烧，汁浓味正，腴不腻人，真是一道宜饭宜酒的美肴。

还有一个豆豉肉饼蒸曹白咸鱼，这个菜在广东一般人家，算是极为普遍的下饭菜，可是经过谭家阿姨烹调出来，就与众不同。先说豆豉是自己晒制，有蒜蓉，有辣椒，用姜汁而不用姜末，豆豉先高人一等。曹白咸鱼，当年在广州港九虽然到处有售，可是曹白鱼真少假多，不是真正识货行家，时常买到假曹白，或是腌的时间过久的曹白鱼，那就味道差多了。篆青先生对曹白鱼特别有研究，他说豆豉蒸咸鱼，豆豉固然要好，可是刀功尤其重要。曹白鱼要切成寸半见方，才能蒸得透，豆豉入味，可是刀功不佳，把冗刺切断，一边吃鱼一边还要防着短刺卡喉，那就太煞风景了。他家的豆豉蒸曹白，真的是间或发现有长刺，可是绝对没有短刺断刺，可以放心大嚼。

最后的汤用鸡酒，也是广东人常吃的，可是汤的清淳，酒味浓淡就大有讲究啦！那天鸡酒里还加牛脊髓，鸡酒不稀奇，加上牛脊髓，就没有吃过，显得别致了。谭公说鸡酒炖牛脊髓可以益元补脑，中气不足的人吃了帮助很大。

谭府这四菜一汤，除了浓焖鸭掌腴滑厚重不像广东菜，其他汤菜几乎完全是岭南风味。最后上了一笼汤包，汤包抓起来像个口袋，放在磁盘里除了滑香适口的卤汁外，只剩两层皮。妙在汤不腻喉，面不滞牙，的确深得淮城汤包的真传。比起玉华台的汤包，只有过之而无不及。这笼包子算是淮扬口味了。

家麟兄在谭公面前大概不时替我吹嘘，说我善啖好吃，这一餐中馈之赐，必定是谭家阿姨精心之作。谭家菜的杏仁白肺、蜜汁叉烧、清蒸桃柱、茄子煮鱼、蚝豉鸽松、凤翼穿云（鸡翼去骨夹一片火腿）、锅炸鸡腰，虽然都是谭家菜的精华，可是那一餐家常饭菜，事隔四十多年，醇醇之味，永留舌尖。

抗战胜利，回到北平，本想重游叙旧，可是听说谭公龙光早奄，而他那位阿姨也莲驾西归了。当时不知什么人打着谭家菜的招牌在做，生意鼎盛，中晚都是车马盈门的，反而要吃谭家菜倒不必经过熟人介绍，可以径往点菜。不过要排定日期，往往三五天后，才能轮到。何人主厨，手艺如何，姑且不谈，往昔情调全无，想来想去还是却步回车，对谭家菜留个永远怀念的好印象吧！

一盏寒浆驱暑热，梅汤常忆信远斋

"一盏寒浆驱暑热，令人长忆信远斋。"这是当年张恨水咏酸梅汤的诗句。民国十七八年舍亲李芋龛寄寓北平舍间，长夏无聊，每逢周末，就组织一个诗钟雅集，张恨水、慧剑昆季都是座上常客。下午总是准备一些奶酪酸梅汤却暑，恨水食而甘之，认为此二者远胜汽水冰激凌。我告诉他，北平酸梅汤西城以隆景和最出名，前外以通三益最纯洁，这两家都是山西人开的干果子铺。

山西人做买卖讲究殷实，所以做的酸梅汤，绝对是熟水梅汤，安全可靠（北平有一种敲着铜碗串胡同卖酸梅汤的，随时用小冰穿子把碎冰掺入酸梅汤内，所用都是天然冰，实不卫生）。另外一家驰名中外的是琉璃厂东门，靠近一尺大街的信远斋。当年北平名流雅士，常常要到琉璃厂书肆古玩铺找找自己想看的书，或是蹑摸一件古董，天热口干，都喜欢走到信远斋喝上两碗酸梅汤去暑解渴。

信远斋坐南朝北，西边的彩壁墙上有一方磨砖对缝的斗方，刻有"信远斋记"四个大字，是北平名书法家冯恕（公度）的手笔。信远斋虽然只有一间门面，迎门是一座小柜台，靠西墙半圆琴桌上，有一个大号铜茶盘上摆满了白瓷小碗，上面盖着一块洁白纱布，旁边放着一个绿油漆冰桶，里面平放两只白地青花鬼脸坛子，坛子四周围塞满冰块，上面覆盖一方洇湿深蓝色细布，旁边水盆里放着两只提梁竹吊子，屋里芸窗棐几，收拾得一尘不染。信远斋的酸梅汤，比沿街叫卖的酸梅汤，价钱要贵一倍有余，所以到信远斋来喝酸梅汤的都是斯文一派的文人学士；他柜上的同人，整天耳濡目染都是金石、版本、宋瓷、汉玉一类，所以喝完酸梅汤歇歇腿，跟他们东拉西扯聊上一阵子，倒也增益见闻，并非俗不可耐。

他家酸梅汤，浓到挂杯，但不甜腻，像上海郑福记总是自夸祖传秘方，与众不同，而信远斋恰恰相反，总说自己做的酸梅汤没有秘密，只是酸梅选得好、泡得透、滤得净、煮得烂，加甜用上等冰糖，桂花用自制木樨露，分量要准，冰得要透，绝不掺水和冰，能把握这几项原则哪位回家照样去做，没有做不好的。到柜上来喝酸梅汤，一律由小徒弟从坛子里现舀。徒弟一律剃光头，不准留长指甲，竹布大褂白袖头，个个显得干净利落。当年摩登诗人林庚白肠虚胃弱，在外面一吃冷饮就闹肠胃炎，只有喝酸梅汤，认为是追暑妙品。等喝过信远斋的酸梅汤，才知此处风味确实又高一筹，称之为逸品，也不为过。

有一年夏天，恨水跟我到琉璃厂来青阁看书。我买了一部明朝高濂撰的《遵生八笺》，共分八目十九卷都是讲资生颐养、消遣、饮馔、服食、赏鉴、清玩一类记述，虽非孤本，书肆已不多见。他买了一部清代温睿临的《南疆佚史》，记载的是明季金陵闽粤琐闻遗事，他找了三四年现在才买到手，心里一高兴，立刻拉我到信远斋去喝酸梅汤。他坐在东边，正对着窗外西影壁墙上"信远斋记"四个大字。他问我北平的店铺，在店名之下再一个"记"字的还很少见，冯老如此写，必有他的说词。

信远斋每年夏季，我至少去个十趟八趟，虽然经常看到那块磨砖斗方，他这一问，可把我考住了。请教他们柜上人，据他们二掌柜的崔世安说，最初他们也没留意，有一天前清末一科榜眼朱汝珍、探花商衍鎏联袂到琉璃厂买书，信步进来喝酸梅汤，把这个"信远斋记"问题问柜上，他们谁也回答不出来。陈师曾、王梦白、李苦禅也曾提出这个问题来问。后来掌柜的亲自问过冯公度，冯的答复是江宇澄（朝宗）曾经问过他这个"记"字的含义，其实其中毫无什么深文奥意，只不过在商言商，让人猜不透有什么玄虚，无非给信远斋多拉点生意而已。您想，从琉璃厂东门到西门，整条街除了卖文房四宝，就是线装古籍，要不就是古董字画，来这一带蹓跶的，不是文人墨客，就是专门研究版本、搜求文玩的达官贵人。这些人都是喜欢咬文嚼字的，看见这块似通非通的怪招牌，能不进来追根究底、问个一清二楚吗？冯老说完哈哈大笑，说凡是好钻牛犄角的，都让他给骗了。想不到此老还真懂得广告学呢！

在北平做什么买卖都要供祖师爷，信远斋等于是专卖酸梅汤的，究竟供哪位神圣呢？有一次我到后院如厕，在他们柜房里有桌面大小一方朱漆鎏金的悬龛，五供后面供着一面万岁牌，信远斋不是前清什么地方官署，供万岁牌干什么？谁知万岁牌是两面刻字，后面刻的是"朱天大帝"，那一位又是何方神圣呢？当然不便问人家柜上，在偶然机会请教北平通金受申，他说："酸梅汤在元末明初叫'乌梅汤'，明太祖在未投郭子兴为部将时，曾经贩卖过乌梅。江淮大旱，瘟疫流行，他曾经用乌梅泡水救过不少烦渴病患。后来卖酸梅汤的奉朱洪武为祖师，是其源有自的。因康熙雍正时期，反清复明的志士，仍然此起彼伏，官府搜查很严，所以卖酸梅汤的捏造了一个朱天大帝奉为祖师，这跟北平太阳宫名为供奉太阳星君，其实供的是明庄烈帝的情形是一样的。"听了这段话之后，才知道其中还有这么一段来龙去脉呢。

一九七六年我在高雄看见一家中药店、一家南货店都在门口架上冰柜卖酸梅汤，你夸熟水卫生，我称冰镇可靠，一看就知两家是对上了。我在南货店喝酸梅汤，老板气呼呼地跟我说，隔壁药铺卖酸梅汤，简直捞过界了。我把信远斋这段故事告诉他，他才恍然大悟，从此各卖各的酸梅汤，也不彼此怒目相视啦。